EDITION
PORSCHE FAHRER

Das PORSCHE 911

Stefan Schrahe

Daten-Buch

Zahlen ▪ Fakten ▪ Maße

HEEL

Impressum

HEEL Verlag GmbH
Gut Pottscheidt
53639 Königswinter
Telefon 0 22 23 / 92 30-0
Telefax 0 22 23 / 92 30 26
Mail: info@heel-verlag.de
Internet: www.heel-verlag.de

Verantwortlich für den Inhalt:
Stefan Schrahe

Lektorat:
Jürgen Schlegelmilch
Jost Neßhöver

Fotonachweis:
Porsche AG, Dieter Rebmann, Archiv HEEL Verlag

Lithographie, Satz und Gestaltung:
F5 Mediengestaltung, Ralf Kolmsee

Umschlaggestaltung: Kai Huwer

Printed in Slovakia

ISBN: 978-3-86852-888-6

1

2

3

4

5

6

7

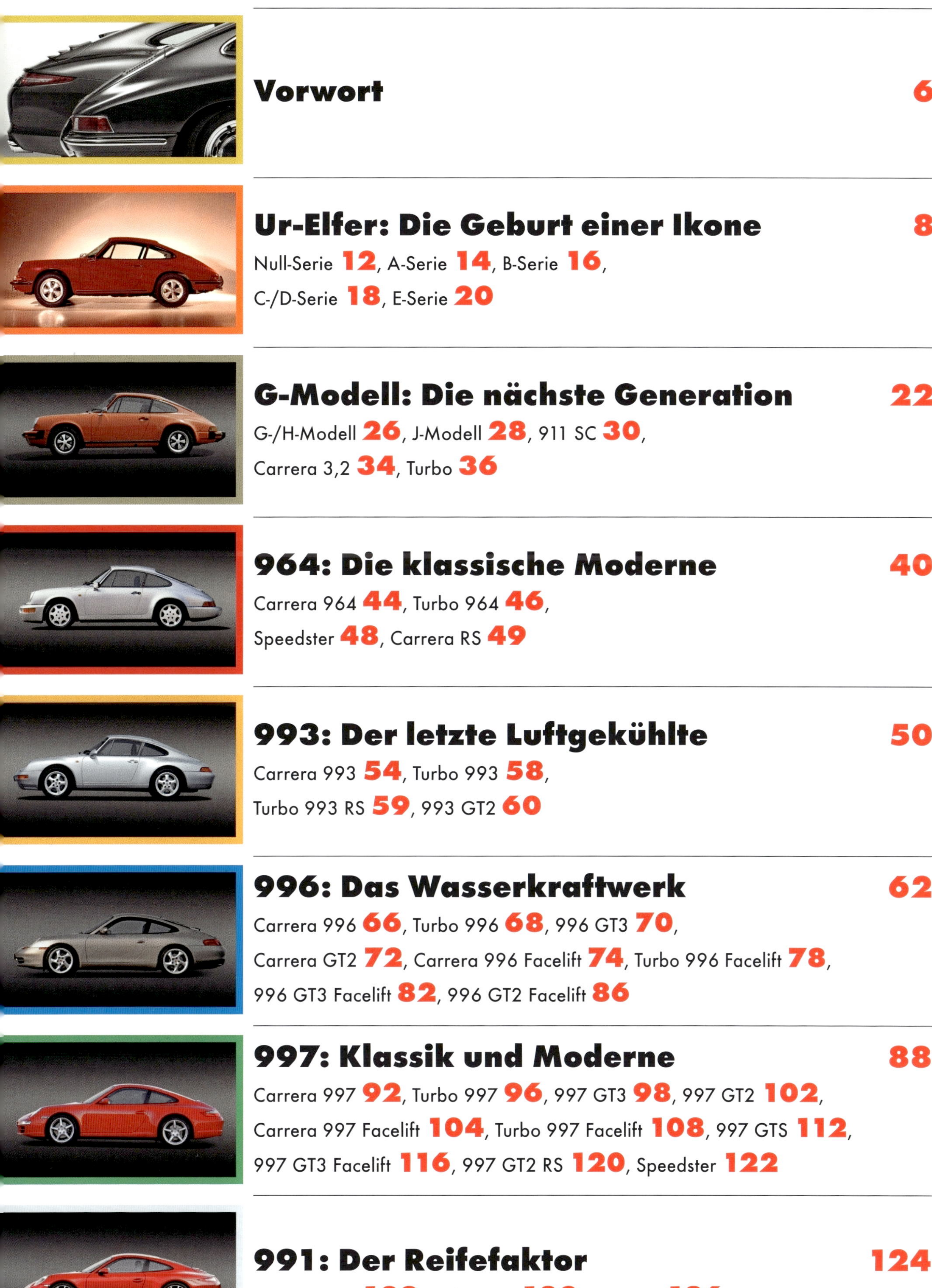

911 – eine Ziffernkombination, die seit 50 Jahren Sportwagenfans in aller Welt in Begeisterung versetzt. Um Ziffern und Zahlen geht es auch in diesem Buch, in dem die wichtigsten Daten aller sieben Generationen des Porsche 911 aufgeführt sind.

So lässt sich der Weg der Sportwagen-Legende durch ein halbes Jahrhundert verfolgen. Von den Anfängen im Jahr 1964 mit zwei Litern Hubraum und 130 PS im Porsche 911 bis zu den 3,8 Litern und 400 PS der neuesten Generation des 911 Carrera S. Die Euphorie beim ersten Turbo, der 1975 mit 260 PS den Heckmotor-Klassiker in neue Leistungsbereiche katapultierte und der seine schiere Kraft scheinbar locker aus dem Ärmel zu schütteln schien, ist heute – angesichts von 560 PS im aktuellen Porsche 911 Turbo S – kaum noch nachvollziehbar.

An den technischen Daten lässt sich die Evolution aller Generationen des 911 aufzeigen: Aus dem hochdrehenden Sechszylinder-Boxer des Ur-Modells wurde ab Ende der Sechziger durch Abgasgesetzgebungen immer mehr ein drehmomentorientierter Komfort-Sportler. Erst Anfang der Achtziger schärften die Zuffenhausener den Charakter wieder in Richtung ultimativer Fahrmaschine. Die Rückkehr zur „Carrera“-Bezeichnung und das Cabriolet waren ein klares Bekenntnis zur eigentlich schon abgehakten Zukunft der 911-Baureihe.

Den Mut zu tiefgreifenden Veränderungen, um das zeitlose Konzept mit den Errungenschaften moderner Automobiltechnik zu vereinen, dokumentierte erstmals die Baureihe 964 mit Allradantrieb, ABS und Servolenkung. Für den 993 wurde sogar die bis dahin sakrosankte Außenhülle angefasst. Mit umwerfendem Erfolg: Die letzten luftgekühlten 911 genießen heute Kultstatus.

Das PORSCHE 911

Daten-Buch

Wasserkühlung und die komplett neue Karosserie der 996-Baureihe sorgten Mitte der Neunziger für die heftigste Zäsur. Mehr Platz und nie gekannter Komfort erschlossen größere Zielgruppen, während vor allem die sportlichen Sonderserien signalisierten, dass von Verweichlichung keine Rede sein konnte.

Effizienz war schon immer eine Domäne des Porsche 911 – und wurde für die jüngsten Generationen zum Leitmotiv. Vor allem an den technischen Daten lässt sich ablesen, was modernste Antriebs- und Getriebetechnik zu leisten im Stande ist. Denn auch dies ist Teil der 911-Geschichte und in diesem Buch erfahrbar: Den 15,5 Liter Superbenzin, die ein Porsche 911 S mit 160 PS auf 100 Kilometern konsumierte, stehen heute 8,2 Liter entgegen, die ein aktueller Porsche 911 mit 350 PS und Doppelkupplungsgetriebe verbrennt.

So sorgt nicht nur die Ziffernkombination 911 für Begeisterung – sondern auch die Zahlen und Daten die dahinter stehen.

Stefan Schrahe, Juni 2014

Kapitel 1

Ur-Elfer: Die Geburt einer Ikone

1964-1973

Als Nachfolger des Porsche 356 erobert der 911 von Beginn an die Herzen der Sportwagenfans. Der Ur-Elfer startet 1963 auf der Frankfurter IAA als Typ 901. Die Umbenennung in 911 erfolgt 1964 zur Markteinführung – der französische Hersteller Peugeot hatte sich Modellbezeichnungen mit einer Null als mittlerer Ziffer schützen lassen.

Von Anfang an begeistert der luftgekühlte Sechszylinder-Boxermotor. Mit 130 PS beschleunigt das Zweiliter-Aggregat den Sportwagen auf echte 210 Stundenkilometer. Wer auch mit weniger Tempo auskommt, kann ab 1965 den vierzylindrigen Porsche 912 ordern, der sich schnell zum Publikumsliebling entwickelt. Auf der IAA 1965 stellt Porsche den 911 Targa vor, der als „erstes Sicherheitscabriolet der Welt" mit seinem markanten Edelstahl-Bügel die vor allem in den USA aufkommende Sicherheits-Diskussion über Cabrios beruhigen soll. Es soll aber Anfang 1967 werden, bis die ersten Targas vom Band rollen – und fortan bis zu 40 Prozent des Verkaufsvolumens ausmachen.

Porsche 911 S: Schnellstes Serienfahrzeug aus deutscher Produktion

Am Wochenende mal eben eine Rallye gewinnen und am Montag zum Business-Termin fahren: Mit dem Porsche 911 ging – der Werbeabteilung zu Folge – beides.

RECHTS: Die „Fuchs"-Felgen haben sich zu einem Teil der Markenidentität entwickelt.

1966 stellt Porsche den 160 PS starken 911 S vor, der erstmals geschmiedete Fuchs-Leichtmetallfelgen trägt. Mit dem 911 S, dem schnellsten Serienwagen aus deutscher Produktion, bringen die Zuffenhausener ein Leistungskarussell in Gang, das auch nach 50 Jahren nichts an Schwung verloren hat. Und sie bauen das Programm konsequent aus. Mit der „Sportomatic", einem halbautomatischen Viergang-Getriebe, ist der Elfer ab 1967 erhältlich. Der 911 T dient ab 1967 als 911-Einstiegsdroge mit 110 PS Leistung und reduzierter Ausstattung.

Wichtig für den größten Exportmarkt: Als erster deutscher Hersteller erfüllt Porsche mit den Varianten 911 T, E und S die strengen Abgasentgiftungsvorschriften der US-amerikanischen Umweltbehörde Environmental Protection Agency (EPA).

911 S und 911 E sind 1968 die ersten serienmäßigen Porsche mit Benzineinspritzung. 140 PS beim 911 E und 170 PS beim 911 S stehen nun zu Buche. Eine Verlängerung des Radstandes um 57 Millimeter bringt eine entscheidende Verbesserung des Geradeauslaufs.

Nach fünf Jahren haben mehr als 10.000 Fahrzeuge die Zuffenhausener Hallen verlassen. Eigentlich ist es nun an der Zeit, über einen Nachfolger nachzudenken. Aber Ferry Porsche und sein Team haben längst erkannt, dass das Potenzial des 911 noch längst nicht ausgeschöpft ist. Mit Hubraumvergrößerungen auf 2,2 Liter (1969) und 2,4 Liter (1971) wird der zur Ikone gereifte Sportwagen immer stärker, hat als 911 S stramme 180 PS – und überspringt erstmals die 30.000-Mark-Schwelle.

1972 erscheint der Porsche 911, der bis heute für viele der Traumwagen schlechthin ist: der 911 Carrera RS 2,7 präsentiert sich 210 PS stark und 1000 Kilogramm leicht. Der Heckspoiler, der bei einer Endgeschwindigkeit von 245 Stundenkilometern nicht bloß dekorativ ist, wird als „Entenbürzel" legendär.

Als „912" mit Vierzylinder-Motor sollte der neue Porsche auch bei selbstfahrenden Damen punkten.

Spitze der Evolution: Der Carrera RS gilt als begehrenswertester Ur-Typ und ist heute nahezu unbezahlbar.

Typ	911	
Baureihe (interne Bezeichnung)	911	
Karosserietyp	Coupé	Targa
Karosserieeigenschaften	Selbsttragende Stahlblech-Karosserie	
Motor		
Prinzip	Luftgekühlter Sechszylinder-Boxer im Heck, 2 Ventile pro Zylinder, Leichtmetallkolben, zwei Solex Doppelvergaser	
Hubraum (cm³)	1991	
Bohrung und Hub (mm)	80 x 66	
Verdichtungsverhältnis	9:1	
Leistung in PS (kW)	130 (95)	
bei Umdrehungen (min)	6100	
Literleistung in PS	65	
max. Drehmoment (Nm)	175	
bei Umdrehungen (min)	4200	
Batteriekapazität (Ah)	45	
Lichtmaschinenleistung (W)	490	
Kraftübertragung		
Antriebsart	Heckantrieb	
Getriebeart	Manuell, Fünfgang	
Fahrwerk		
Vorderachse	Einzelradaufhängung an Querlenkern und Dämpferbeinen, längsliegende Torsionsfederstäbe	
Hinterachse	Einzelradaufhängung an Schräglenkern, querliegende Torsionsfederstäbe	
Bremssystem	Einkreis-Bremsanlage, vier Scheibenbremsen	
Räder/Reifen Vorderachse	4,5J x 15 mit 165 HR 15	
Räder/Reifen Hinterachse	4,5J x 15 mit 165 HR 15	
Abmessungen		
L x B x H in mm	4163 x 1610 x 1320	
Radstand in mm	2211	
Spur vorne/hinten in mm	1337 / 1317	
Leer- und Gesamtgewicht in kg	1080 / 1400	1095 / 1400
Kofferraumvolumen (Liter)	k. A.	
Tankinhalt in Litern	62	
Fahrleistungen		
Vmax (km/h)	210	
Beschleunigung 0-100 km/h (s)	9	
Beschleunigung 0-180 km/h (s)	28,8	
Verbrauch l/100 km (Drittelmix)	15,0	
Sonstiges		
Bauzeit	09/1964 - 07/1967	
Stückzahlen		
Modelljahr 1964	13	-
Modelljahr 1965	3389	-
Modelljahr 1966	1709	-
Modelljahr 1967	3421	718

911 S	
911	
Coupé	Targa
Selbsttragende Stahlblech-Karosserie	
Luftgekühlter Sechszylinder-Boxer im Heck, 2 Ventile pro Zylinder, Leichtmetallkolben, zwei Solex Doppelvergaser	
1991	
80 x 66	
9,8:1	
160 (117)	
6600	
84	
179	
5200	
45	
490	
Heckantrieb	
Manuell, Fünfgang	
Einzelradaufhängung an Querlenkern und Dämpferbeinen, längsliegende Torsionsfederstäbe	
Einzelradaufhängung an Schräglenkern, querliegende Torsionsfederstäbe	
Einkreis-Bremsanlage, vier Scheibenbremsen	
4,5J x 15 mit 165 HR 15	
4,5J x 15 mit 165 HR 15	
4163 x 1610 x 1320	
2211	
1353 / 1323	
1085 / 1400	1100 / 1400
k. A.	
62	
225	
6,7	
26,6	
15,5	
08/1966 - 07/1967	
-	-
-	-
-	-
1823	483

Typ	911 T	
Baureihe (interne Bezeichnung)	911	
Karosserietyp	Coupé	Targa
Karosserieeigenschaften	Selbsttragende Stahlblech-Karosserie	
Motor		
Prinzip	Luftgekühlter Sechszylinder-Boxer im Heck, 2 Ventile pro Zylinder, Leichtmetallkolben, 2 Weber-Dreifachvergaser	
Hubraum (cm³)	1991	
Bohrung und Hub (mm)	80 x 66	
Verdichtungsverhältnis	8,6:1	
Leistung in PS (kW)	110 (81)	
bei Umdrehungen (min)	5800	
Literleistung in PS	55	
max. Drehmoment (Nm)	157	
bei Umdrehungen (min)	4200	
Batteriekapazität (Ah)	45	
Lichtmaschinenleistung (W)	490	
Kraftübertragung		
Antriebsart	Heckantrieb	
Getriebeart	Manuell, Viergang	
Fahrwerk		
Vorderachse	Einzelradaufhängung an Querlenkern und Dämpferbeinen, längsliegende Torsionsfederstäbe	
Hinterachse	Einzelradaufhängung an Schräglenkern, querliegende Torsionsfederstäbe	
Bremssystem	Zweikreis-Bremsanlage, vier Scheibenbremsen	
Räder/Reifen Vorderachse	5,5J x 15 mit 165 HR 15	
Räder/Reifen Hinterachse	5,5J x 15 mit 165 HR 15	
Abmessungen		
L x B x H in mm	4163 x 1610 x 1320	
Radstand in mm	2211	
Spur vorne/hinten in mm	1367 / 1335	
Leer- und Gesamtgewicht in kg	1080 / 1400	1095 /1400
Kofferraumvolumen (Liter)	k. A.	
Tankinhalt in Litern	62	
Fahrleistungen		
Vmax (km/h)	200	
Beschleunigung 0-100 km/h (s)	8,3	
Beschleunigung 0-180 km/h (s)	28,8	
Verbrauch l/100 km (Drittelmix)	15,5	
Sonstiges		
Bauzeit	08/1967 - 07/1968	
Stückzahlen		
Modelljahr 1968 (A-Serie)	1611	521

<table>
<tr><th colspan="2">911 L</th><th colspan="2">911 S</th></tr>
<tr><td colspan="4">911</td></tr>
<tr><td>Coupé</td><td>Targa</td><td>Coupé</td><td>Targa</td></tr>
<tr><td colspan="4">Selbsttragende Stahlblech-Karosserie</td></tr>
<tr><td colspan="4"></td></tr>
<tr><td colspan="4">Luftgekühlter Sechszylinder-Boxer im Heck, 2 Ventile pro Zylinder, Leichtmetallkolben, 2 Weber-Dreifachvergaser</td></tr>
<tr><td colspan="4">1991</td></tr>
<tr><td colspan="4">80 x 66</td></tr>
<tr><td colspan="2">9:1</td><td colspan="2">9,8:1</td></tr>
<tr><td colspan="2">130 (95)</td><td colspan="2">160 (117)</td></tr>
<tr><td colspan="2">6100</td><td colspan="2">6600</td></tr>
<tr><td colspan="2">65</td><td colspan="2">84</td></tr>
<tr><td colspan="2">175</td><td colspan="2">179</td></tr>
<tr><td colspan="2">4200</td><td colspan="2">5200</td></tr>
<tr><td colspan="4">45</td></tr>
<tr><td colspan="4">490</td></tr>
<tr><td colspan="4"></td></tr>
<tr><td colspan="4">Heckantrieb</td></tr>
<tr><td colspan="4">Manuell, Fünfgang (optional Sportomatic Viergang)</td></tr>
<tr><td colspan="4"></td></tr>
<tr><td colspan="4">Einzelradaufhängung an Querlenkern und Dämpferbeinen, längsliegende Torsionsfederstäbe</td></tr>
<tr><td colspan="4">Einzelradaufhängung an Schräglenkern, querliegende Torsionsfederstäbe</td></tr>
<tr><td colspan="4">Zweikreis-Bremsanlage, vier Scheibenbremsen, vorn innenbelüftet</td></tr>
<tr><td colspan="2">5,5J x 15 mit 165 HR 15</td><td colspan="2">6J x15 mit 185/70 VR 15</td></tr>
<tr><td colspan="2">5,5J x 15 mit 165 HR 15</td><td colspan="2">6J x15 mit 185/70 VR 15</td></tr>
<tr><td colspan="4"></td></tr>
<tr><td colspan="4">4163 x 1610 x 1320</td></tr>
<tr><td colspan="4">2211</td></tr>
<tr><td colspan="2">1353 / 1323</td><td colspan="2">1353 / 1323</td></tr>
<tr><td>1080 / 1400</td><td>1095 / 1400</td><td>1080 / 1400</td><td>1095 / 1400</td></tr>
<tr><td colspan="4">k. A.</td></tr>
<tr><td colspan="4">62</td></tr>
<tr><td colspan="4"></td></tr>
<tr><td colspan="2">210</td><td colspan="2">225</td></tr>
<tr><td colspan="2">9</td><td colspan="2">6,7</td></tr>
<tr><td colspan="2">28,8</td><td colspan="2">26,6</td></tr>
<tr><td colspan="2">15,0</td><td colspan="2">15,5</td></tr>
<tr><td colspan="4"></td></tr>
<tr><td colspan="2">08/1967 - 07/1968</td><td colspan="2">08/1967 - 07/1968</td></tr>
<tr><td colspan="4"></td></tr>
<tr><td>7384</td><td>5709</td><td>1267</td><td>442</td></tr>
</table>

Typ	911 T	
Baureihe (interne Bezeichnung)	911	
Karosserietyp	Coupé	Targa
Karosserieeigenschaften	Selbsttragende Stahlblech-Karosserie	
Motor		
Prinzip	Luftgekühlter Sechszylinder-Boxer im Heck, 2 Ventile pro Zylinder, Leichtmetallkolben, 2 Dreifachvergaser Weber	
Hubraum (cm³)	1991	
Bohrung und Hub (mm)	80 x 66	
Verdichtungsverhältnis	8,6:1	
Leistung in PS (kW)	110 (81)	
bei Umdrehungen (min)	5800	
Literleistung in PS	55	
max. Drehmoment (Nm)	157	
bei Umdrehungen (min)	4200	
Batteriekapazität (Ah)	2 x 36	
Lichtmaschinenleistung (W)	770	
Kraftübertragung		
Antriebsart	Heckantrieb	
Getriebeart	Manuell, Viergang	
Fahrwerk		
Vorderachse	Einzelradaufhängung an Querlenkern und Dämpferbeinen, längsliegende Torsionsfederstäbe	
Hinterachse	Einzelradaufhängung an Schräglenkern, querliegende Torsionsfederstäbe	
Bremssystem	Zweikreis-Bremsanlage, vier Scheibenbremsen	
Räder/Reifen Vorderachse	5,5J x 15 mit 165 HR 15	
Räder/Reifen Hinterachse	5,5J x 15 mit 165 HR 15	
Abmessungen		
L x B x H in mm	4163 x 1610 x 1320	
Radstand in mm	2268	
Spur vorne/hinten in mm	1362 / 1343	
Leer- und Gesamtgewicht in kg	1020 / 1400	1035 / 1400
Kofferraumvolumen (Liter)	k. A.	
Tankinhalt in Litern	62	
Fahrleistungen		
Vmax (km/h)	200	
Beschleunigung 0-100 km/h (s)	8,3	
Beschleunigung 0-180 km/h (s)	28,8	
Verbrauch l/100 km (Drittelmix)	15,5	
Sonstiges		
Bauzeit	08/1968 - 07/1969	
Stückzahlen		
Modelljahr 1969 (B-Serie)	3904	282

911 E		911 S	
911			
Coupé	Targa	Coupé	Targa
Selbsttragende Stahlblech-Karosserie			
Luftgekühlter Sechszylinder-Boxer im Heck, 2 Ventile pro Zylinder, Leichtmetallkolben, Bosch Saugrohreinspritzung			
1991			
80 x 66			
9,1:1		9,8:1	
140 (103)		170 (125)	
6500		6800	
70		89	
175		179	
4500		5200	
2 x 36			
770			
Heckantrieb			
Manuell, Fünfgang (optional Sportomatic Viergang)			
Einzelradaufhängung an Querlenkern, hydropneumatische Federbeine mit Niveauregulierung		Einzelradaufhängung an Querlenkern und Dämpferbeinen, längsliegende Torsionsfederstäbe	
Einzelradaufhängung an Schräglenkern, querliegende Torsionsfederstäbe			
Zweikreis-Bremsanlage, vier Scheibenbremsen, vorn innenbelüftet			
6J x15 mit 185/70 VR 15			
6J x15 mit 185/70 VR 15			
4163 x 1610 x 1320			
2268			
1374 / 1355		1367 / 1335	
1020 / 1400	1035 / 1400	1020 / 1400	1035 / 1400
k. A.			
62			
215		225	
9		6,7	
28,8		26,6	
15,5		15,5	
08/1968 - 07/1969			
1968	858	1492	614

Typ	911 T	
Baureihe (interne Bezeichnung)	911	
Karosserietyp	Coupé	Targa
Karosserieeigenschaften	Selbsttragende Stahlblech-Karosserie	
Motor		
Prinzip	Luftgekühlter Sechszylinder-Boxer im Heck, 2 Ventile pro Zylinder, Leichtmetallkolben, 2 Zenith Dreifachvergaser	
Hubraum (cm^3)	2195	
Bohrung und Hub (mm)	84 x 66	
Verdichtungsverhältnis	8,6:1	
Leistung in PS (kW)	125 (92)	
bei Umdrehungen (min)	5800	
Literleistung in PS	57	
max. Drehmoment (Nm)	177	
bei Umdrehungen (min)	4200	
Batteriekapazität (Ah)	2 x 36	
Lichtmaschinenleistung (W)	770	
Kraftübertragung		
Antriebsart	Heckantrieb	
Getriebeart	Manuell, Fünfgang (optional Sportomatic Viergang)	
Fahrwerk		
Vorderachse	Einzelradaufhängung an Querlenkern und Dämpferbeinen, längsliegende Torsionsfederstäbe	
Hinterachse	Einzelradaufhängung an Schräglenkern, querliegende Torsionsfederstäbe	
Bremssystem	Zweikreis-Bremsanlage, vier Scheibenbremsen	
Räder/Reifen Vorderachse	5,5J x 15 mit 165 HR 15	
Räder/Reifen Hinterachse	5,5J x 15 mit 165 HR 15	
Abmessungen		
L x B x H in mm	4163 x 1610 x 1320	
Radstand in mm	2268	
Spur vorne/hinten in mm	1362 / 1343	
Leer- und Gesamtgewicht in kg	1110 / 1400	1125 /1400
Kofferraumvolumen (Liter)	k. A.	
Tankinhalt in Litern	62	
Fahrleistungen		
Vmax (km/h)	205	
Beschleunigung 0-100 km/h (s)	10	
Beschleunigung 0-180 km/h (s)	k. A.	
Verbrauch l/100 km (Drittelmix)	14,5	
Sonstiges		
Bauzeit	08/1969 - 07/1971	
Stückzahlen		
Modelljahr 1970 (C-Serie)	6544	2545
Modelljahr 1971 (D-Serie)	5993	k. A.

911 E		911 S	
911			
Coupé	Targa	Coupé	Targa
Selbsttragende Stahlblech-Karosserie			
Luftgekühlter Sechszylinder-Boxer im Heck, 2 Ventile pro Zylinder, Leichtmetallkolben, Bosch Saugrohreinspritzung			
2195			
84 x 66			
9,1:1		9,8:1	
155 (114)		180 (132)	
6200		6500	
71		82	
191		199	
4500		5200	
2 x 36			
770			
Heckantrieb			
Manuell, Fünfgang (optional Sportomatic Viergang)			
Einzelradaufhängung an Querlenkern, hydropneumatische Federbeine mit Niveauregulierung		Einzelradaufhängung an Querlenkern und Dämpferbeinen, längsliegende Torsionsfederstäbe	
Einzelradaufhängung an Schräglenkern, querliegende Torsionsfederstäbe			
Zweikreis-Bremsanlage, vier Scheibenbremsen, vorn innenbelüftet			
6J x15 mit 185/70 VR 15			
6J x15 mit 185/70 VR 15			
4163 x 1610 x 1320			
2268			
1374 / 1355		1374 / 1355	
1110 / 1400	1125 /1400	1110 / 1400	1125 /1400
k. A.			
62			
220		230	
9		8	
28,8		29,1 (200 km/h)	
15,5		16	
08/1969 - 07/1971			
1971	933	1744	729
1088	935	1430	788

Typ	911 T	
Baureihe (interne Bezeichnung)	911	
Karosserietyp	Coupé	Targa
Karosserieeigenschaften	Selbsttragende Stahlblech-Karosserie	
Motor		
Prinzip	Luftgekühlter Sechszylinder-Boxer im Heck, 2 Ventile pro Zylinder, Leichtmetallkolben, 2 Solex-Zenith Dreifachvergaser	
Hubraum (cm^3)	2341	
Bohrung und Hub (mm)	84 x 70,4	
Verdichtungsverhältnis	7,5:1	
Leistung in PS (kW)	130 (95)	
bei Umdrehungen (min)	5600	
Literleistung in PS	56	
max. Drehmoment (Nm)	196	
bei Umdrehungen (min)	4000	
Batteriekapazität (Ah)	2 x 36	
Lichtmaschinenleistung (W)	770	
Kraftübertragung		
Antriebsart	Heckantrieb	
Getriebeart	Manuell, Viergang (optional Sportomatic Viergang)	
Fahrwerk		
Vorderachse	Einzelradaufhängung an Querlenkern und Dämpferbeinen, längsliegende Torsionsfederstäbe	
Hinterachse	Einzelradaufhängung an Schräglenkern, querliegende Torsionsfederstäbe	
Bremssystem	Zweikreis-Bremsanlage, vier Scheibenbremsen	
Räder/Reifen Vorderachse	5,5J x 15 mit 165 HR 15	
Räder/Reifen Hinterachse	5,5J x 15 mit 165 HR 15	
Abmessungen		
L x B x H in mm	4127 x 1610 x 1320	
Radstand in mm	2271	
Spur vorne/hinten in mm	1360 / 1342	
Leer- und Gesamtgewicht in kg	1050 / 1400	1065 / 1400
Kofferraumvolumen (Liter)	k. A.	
Tankinhalt in Litern	85	
Fahrleistungen		
Vmax (km/h)	205	
Beschleunigung 0-100 km/h (s)	10	
Beschleunigung 0-180 km/h (s)	k. A.	
Verbrauch l/100 km (Drittelmix)	15,0	
Sonstiges		
Bauzeit	08/1971 - 07/1973	
Stückzahlen		
Modelljahr 1972 (E-Serie)	4894	3344
Modelljahr 1973 (F-Serie)	5071	3624

911 E		911 S		Carrera RS
911				
Coupé	Targa	Coupé	Targa	Coupé
Selbsttragende Stahlblech-Karosserie				
Luftgekühlter Sechszylinder-Boxer im Heck, 2 Ventile pro Zylinder, Leichtmetallkolben, Bosch Saugrohreinspritzung				
2341				2687
84 x 70,4				90 x 70,4
8:1		8,5:1		8,5:1
165 (121)		190 (140)		210 (154)
6200		6500		6300
70		81		78
206		216		255
4500		5200		5100
2 x 36				66
770				
Heckantrieb				
Manuell, Viergang (optional Sportomatic Viergang)		Manuell, Fünfgang (optional Sportomatic Viergang)		Manuell, Fünfgang
Einzelradaufhängung an Querlenkern und Dämpferbeinen, längsliegende Torsionsfederstäbe				
Einzelradaufhängung an Schräglenkern, querliegende Torsionsfederstäbe				
Zweikreis-Bremsanlage, vier Scheibenbremsen, vorn innenbelüftet				
6J x15 mit 185/70 VR 15				6J x15 mit 195/60 VR15
6J x15 mit 185/70 VR 15				7J x15 mit 215/60 VR 15
4127 x 1610 x 1320				4102 x 1652 x 1320
2271				
1372 / 1354		1372 / 1354		1372 / 1394
1075 / 1400	1090 / 1400	1110 / 1400	1125 / 1400	960 / k.A.
k. A.				
85				
220		230		245
8,5		7,5		5,8
28,8		26,6 (200 km/h)		22 (200 km/h)
16,0		17		17
08/1971 - 07/1973				10/1972 - 07/1973
1124	861	1750	989	k. A.
1366	1055	1430	925	1590

Kapitel 2

G-Modell: Die nächste Generation

1973-1989

1972 scheidet Ferry Porsche offiziell aus dem Unternehmen aus. Die Weichen für einen Weiterbau des 911 auch über die Sechziger hinaus sind aber längst gestellt. Zehn Jahre nach der Premiere haben die Porsche-Ingenieure den 911 gründlich überarbeitet. Das so genannte G-Modell wird von 1973 bis 1988 gebaut – so lange wie keine andere Elfer-Generation bis heute.

Die neugestalteten Stoßfänger waren den US-Sicherheitsvorschriften geschuldet.

Besonderes Merkmal sind die markanten Faltenbalg-Stoßstangen – eine Innovation, um den damals neuesten Crashtest-Bedingungen der USA gerecht zu werden. Serienmäßige Dreipunkt-Sicherheitsgurte sowie Sitze mit integrierter Kopfstütze sorgen für mehr Insassenschutz. Mit nun 2,7 Litern und Leistungen zwischen 150 und 210 PS ist der optisch modernisierte 911 auch technisch gut gerüstet.

Mitten in die Auswirkungen der Ölkrise von 1973, die dem Zuffenhausener Sportwagen erstmals eine Absatzdelle beschert hat, setzt Porsche im Herbst 1974 einen Meilenstein in der Geschichte des Elfers: Nach Rennerfolgen mit aufgeladenen Porsche 917 – vor allem in der amerikanischen CanAm-Serie – präsentiert man in Paris den 911 Turbo. Mit aufgeladenem Dreiliter-Motor, 260 PS und auffälligem Heckspoiler wird der Turbo dank seiner einzigartigen Verbindung von Luxus mit Performance zum Paradebeispiel für einen Porsche. Elektronische Einspritzung, HKZ-Zündung sowie ein angepasstes Fahrwerk mit entsprechenden Bremsen runden das High-Tech-Paket, das immerhin mehr als 65.000 Mark kostet, ab. 1977 folgt die nächste Leistungsstufe: Der 911 Turbo 3.3 erhält einen Ladeluftkühler und ist mit 300 PS Klassenbester.

Mitte der Siebziger stellt Porsche die Frontmotor-Typen 924 und 928 vor. Eingefleischte 911-Fans befürchten das drohende Aus für die Heckmotor-Ikone und sehen ihre dunklen Ahnungen auf der IAA 1977 bestätigt. Der Porsche 911 SC firmiert fortan als Basismodell – eine Bezeichnung, mit der man auch den 356 zu Grabe getragen hatte. Das Dreiliter-Aggregat leistet 180 PS, Modellpflegemaßnahmen werden nur noch sporadisch durchgeführt. In Zuffenhausen lässt man den 911 leben, so lange die Leute ihn wollen – die Zukunft aber sieht man in wassergekühlten Vier- und Achtzylindern.

Bis Peter W. Schutz kommt. Der Amerikaner mit deutschen Wurzeln haucht dem 911 ab 1981 neues Leben ein. Deutlichstes Zeichen: Die Turbo-Allrad-Studie für ein 911-Cabriolet auf der IAA 1981. Die Serienversion des Cabrios ist ein halbes Jahr später erstmals auf dem Genfer Salon 1982 zu sehen und entfacht nicht nur in Zuffenhausen neue Begeisterung für den 911.

Das schnellste Seriencabriolet der Welt – bald auch mit elektrischem Verdeck lieferbar – entwickelt sich zur festen Größe im Modellprogramm. Außerdem gibt es den Modellplanern neuen Mut: Bei den Saugmotoren löst der 911 Carrera 1983 den ungeliebten SC ab und wird mit 3,2 Litern Hubraum und 231 PS zum Verkaufsschlager und zum beliebten Sammlerstück.

Das Modellprogramm wird aufgefächert: Mit dem 911 Carrera Speedster knüpft Porsche auf der IAA 1987 an einen Mythos an. Die Clubsport-Modelle lassen das puristische 911-Feeling wieder auferstehen und wecken neue Begehrlichkeiten. Aber es zeigen sich Wolken am Horizont. Der US-Börsencrash von 1987 lässt die Nachfrage aus den USA fast ins Bodenlose fallen. Nach 25 Jahren ist es Zeit für eine erste gründliche Erneuerung.

Der Hubraum des Sechszylinder-Boxers war auf 2,7 Liter gewachsen.

Die Karosserievarianten Targa und Coupé wurden mit vier unterschiedlichen Motorversionen angeboten.

Der Porsche Turbo begründete 1975 die bis heute andauernde Tradition aufgeladener Sportwagen aus Zuffenhausen.

Typ	911	
Baureihe (interne Bezeichnung)	911	
Karosserietyp	Coupé	Targa
Karosserieeigenschaften	Selbsttragende Stahlblech-Karosserie	
Motor		
Prinzip	Luftgekühlter Sechszylinder-Boxer im Heck, 2 Ventile pro Zylinder, Leichtmetallkolben, Bosch K-Jetronic	
Hubraum (cm³)	2687	
Bohrung und Hub (mm)	90 x 70,4	
Verdichtungsverhältnis	8,0:1	
Leistung in PS (kW)	150 (110)	
bei Umdrehungen (min)	5700	
Literleistung in PS	56	
max. Drehmoment (Nm)	235	
bei Umdrehungen (min)	3800	
Batteriekapazität (Ah)	66	
Lichtmaschinenleistung (W)	770	
Kraftübertragung		
Antriebsart	Heckantrieb	
Getriebeart	Manuell, Viergang (optional Sportomatic Viergang)	
Fahrwerk		
Vorderachse	Einzelradaufhängung an Querlenkern und Dämpferbeinen, Stabilisator, längsliegende Torsionsfederstäbe	
Hinterachse	Einzelradaufhängung an Schräglenkern, querliegende Torsionsfederstäbe	
Bremssystem	Zweikreis-Bremsanlage, vier Scheibenbremsen	
Räder/Reifen Vorderachse	5,5J x 15 mit 165 HR 15	
Räder/Reifen Hinterachse	5,5J x 15 mit 165 HR 15	
Abmessungen		
L x B x H in mm	4291 x 1610 x 1320	
Radstand in mm	2271	
Spur vorne/hinten in mm	1360 / 1342	
Leer- und Gesamtgewicht in kg	1075 / 1400	1090 / 1400
Kofferraumvolumen (Liter)	130	
Tankinhalt in Litern	80	
Fahrleistungen		
Vmax (km/h)	210	
Beschleunigung 0-100 km/h (s)	9	
Beschleunigung 0-200 km/h (s)	31,3	
Verbrauch l/100 km (Drittelmix)	14,0	
Sonstiges		
Bauzeit	08/1973 - 07/1975	
Stückzahlen		
Modelljahr 1974 (G-Serie)	4014	3110
Modelljahr 1975 (H-Serie)	1238	998

911 S		911 Carrera	911 Carrera RS 3.0
911			
Coupé	Targa	Coupé	
Selbsttragende Stahlblech-Karosserie			
Luftgekühlter Sechszylinder-Boxer im Heck, 2 Ventile pro Zylinder, Leichtmetallkolben, Bosch K-Jetronic		Luftgekühlter Sechszylinder-Boxer im Heck, 2 Ventile pro Zylinder, Leichtmetallkolben, Bosch Saugrohreinspritzung	
2687			2994
90 x 70,4			95 x 70,4
8,5:1		8,5:1	9,8:1
175 (129)		210 (154)	230 (169)
5800		6300	6200
65		78	77
235		255	274
4000		5100	5000
66		66	
770		770	
Heckantrieb			
Manuell, Fünfgang (optional Sportomatic Viergang)		Manuell, Fünfgang	
Einzelradaufhängung an Querlenkern und Dämpferbeinen, Stabilisator, längsliegende Torsionsfederstäbe			
Einzelradaufhängung an Schräglenkern, querliegende Torsionsfederstäbe		Einzelradaufhängung an Schräglenkern, querliegende Torsionsfederstäbe, Stabilisator	
Zweikreis-Bremsanlage, vier Scheibenbremsen			
6J x15 mit 185/70 VR 15		6J x15 mit 185/70 VR 15	8J x15 mit 215/60 VR15
6J x15 mit 185/70 VR 15		7J x15 mit 215/60 VR 15	9J x15 mit 235/60 VR15
4291 x 1610 x 1320		4291 x 1652 x 1320	4235 x 1775 x 1320
2271			
1372 / 1354		1372 / 1380	1369 / 1380
1075 / 1400	1090 / 1400	1060 / 1400	1060 / 1400
130			
80			
225		240	250
8,5		6,5	5,2
26,6		23	k. A.
15		17	19,5
08/1973 - 07/1975			08/1973 - 07/1974
1359	898	1564	109
2695	1783	913	k. A.

Typ	911	
Baureihe (interne Bezeichnung)	911	
Karosserietyp	Coupé	Targa
Karosserieeigenschaften	Selbsttragende Stahlblech-Karosserie	
Motor		
Prinzip	Luftgekühlter Sechszylinder-Boxer im Heck, 2 Ventile pro Zylinder, Leichtmetallkolben, Bosch K-Jetronic	
Hubraum (cm³)	2687	
Bohrung und Hub (mm)	90 x 70,4	
Verdichtungsverhältnis	8:1	
Leistung in PS (kW)	165 (121)	
bei Umdrehungen (min)	5800	
Literleistung in PS	62	
max. Drehmoment (Nm)	235	
bei Umdrehungen (min)	4000	
Batteriekapazität (Ah)	66	
Lichtmaschinenleistung (W)	980	
Kraftübertragung		
Antriebsart	Heckantrieb	
Getriebeart	Manuell, Viergang (optional Sportomatic Dreigang)	
Fahrwerk		
Vorderachse	Einzelradaufhängung an Querlenkern und Dämpferbeinen, Stabilisator, längsliegende Torsionsfederstäbe	
Hinterachse	Einzelradaufhängung mit Schräglenkern und Torsionsstabfederung	
Bremssystem	Zweikreis-Bremsanlage, vier Scheibenbremsen	
Räder/Reifen Vorderachse	6J x 15 mit 185/70 VR15	
Räder/Reifen Hinterachse	6J x 15 mit 185/70 VR15	
Abmessungen		
L x B x H in mm	4291 x 1610 x 1320	
Radstand in mm	2272	
Spur vorne/hinten in mm	1360 / 1342	
Leer- und Gesamtgewicht in kg	1120 / 1440	1135 / 1440
Kofferraumvolumen (Liter)	130	
Tankinhalt in Litern	80	
Fahrleistungen		
Vmax (km/h)	210	
Beschleunigung 0-100 km/h (s)	8	
Beschleunigung 0-200 km/h (s)	k. A.	
Verbrauch l/100 km (Drittelmix)	15,0	
Sonstiges		
Bauzeit	08/1975 - 07/1977	
Stückzahlen		
Modelljahr 1976 (J-Serie)	1868	1576
Modelljahr 1977 (K-Serie)	2449	1724

911 S		911 Carrera	
911			
Coupé	Targa	Coupé	Targa
Selbsttragende Stahlblech-Karosserie			
Luftgekühlter Sechszylinder-Boxer im Heck, 2 Ventile pro Zylinder, Leichtmetallkolben, Bosch K-Jetronic			
2687		2993	
90 x 70,4		95 x 70,4	
8,5:1		8,5:1	
175 (129)		200 (147)	
5800		6000	
65		67	
235		255	
4000		4200	
66		66	
770		980	
Heckantrieb			
Manuell, Fünfgang (optional Sportomatic Dreigang)			
Einzelradaufhängung an Querlenkern und Dämpferbeinen, Stabilisator, längsliegende Torsionsfederstäbe			
Einzelradaufhängung mit Schräglenkern und Torsionsstabfederung		Einzelradaufhängung an Schräglenkern, querliegende Torsionsfederstäbe, Stabilisator	
Zweikreis-Bremsanlage, vier Scheibenbremsen			
6J x15 mit 185/70 VR 15		6J x15 mit 185/70 VR 15	
6J x15 mit 185/70 VR 15		7J x15 mit 215/60 VR 15	
4291 x 1610 x 1320		4291 x 1652 x 1320	
2272			
1372 / 1354		1372 / 1380	
1120 / 1440	1135 / 1440	1120 / 1440	1135 / 1440
130			
80			
225		230	
8,5		7	
26,6		27,9	
15		17	
08/1975 - 07/1977			
2079	2175	1093	479
3388	2747	1473	646

Typ	911 SC		
Baureihe (interne Bezeichnung)	911		
Karosserietyp	Coupé	Targa	Coupé
Karosserieeigenschaften	Selbsttragende Stahlblech-Karosserie		
Motor			
Prinzip	Luftgekühlter Sechszylinder-Boxer im Heck, 2 Ventile pro Zylinder, Leichtmetallkolben, Bosch K-Jetronic		
Hubraum (cm^3)	2994		
Bohrung und Hub (mm)	95 x 70,4		
Verdichtungsverhältnis	8,5:1		8,6:1
Leistung in PS (kW)	180 (132)		188 (138)
bei Umdrehungen (min)	5500		
Literleistung in PS	60		63
max. Drehmoment (Nm)	265		
bei Umdrehungen (min)	4200		
Batteriekapazität (Ah)	66		
Lichtmaschinenleistung (W)	980		
Kraftübertragung			
Antriebsart	Heckantrieb		
Getriebeart	Manuell, Fünfgang (optional Sportomatic Dreigang)		
Fahrwerk			
Vorderachse	Einzelradaufhängung an Querlenkern und Dämpferbeinen, Stabilisator, längsliegende Torsionsfederstäbe		
Hinterachse	Einzelradaufhängung an Schräglenkern, querliegende Torsionsfederstäbe, Stabilisator		
Bremssystem	hydraulische Zweikreisbremsanlage mit 4 innenbelüfteten Scheibenbremsen, Bremskraftverstärker		
Räder/Reifen Vorderachse	6J x 15 mit 185/70 VR15		
Räder/Reifen Hinterachse	7J x 15 mit 215/60 VR15		
Abmessungen			
L x B x H in mm	4291 x 1652 x 1320		
Radstand in mm	2272		
Spur vorne/hinten in mm	1369 / 1379		
Leer- und Gesamtgewicht in kg	1160 / 1500	1175 / 1500	1160 / 1500
Kofferraumvolumen (Liter)	130		
Tankinhalt in Litern	80		
Fahrleistungen			
Vmax (km/h)	220		225
Beschleunigung 0-100 km/h (s)	7		
Beschleunigung 0-200 km/h (s)	29,3		
Verbrauch l/100 km (Drittelmix)	12,6		
Sonstiges			
Bauzeit	08/1977 - 07/1979		08/1979 - 07/1980

911 SC				911 Carrera SC/RS
911				
Targa	Coupé	Targa	Cabrio	Coupé
Selbsttragende Stahlblech-Karosserie				Selbsttr. Stahlblech-Karosserie mit feststehendem Heckspoiler
Luftgekühlter Sechszylinder-Boxer im Heck, 2 Ventile pro Zylinder, Leichtmetallkolben, Bosch K-Jetronic				Luftgekühlter Sechszylinder-Boxer im Heck, 2 Ventile pro Zylinder, Leichtmetallkolben, Bosch-Kugelfischer Einspritzung
2994				2994
95 x 70,4				95 x 70,4
8,6:1	9,8:1			10,3:1
188 (138)	204 (150)			255 (184)
5500	5900			7000
63	68			85
265				250
4200	4300			6500
66	88			
980	1050			
Heckantrieb				
Manuell, Fünfgang (optional Sportomatic Dreigang)				Manuell, Fünfgang
Einzelradaufhängung an Querlenkern und Dämpferbeinen, Stabilisator, längsliegende Torsionsfederstäbe				
Einzelradaufhängung an Schräglenkern, querliegende Torsionsfederstäbe, Stabilisator				
hydraulische Zweikreisbremsanlage mit 4 innenbelüfteten Scheibenbremsen, Bremskraftverstärker				
6J x 15 mit 185/70 VR15	6J x 16 mit 205/55 VR16			7J x 16 mit 205/55 VR 16
7J x 15 mit 215/60 VR15	7J x 16 mit 225/50 VR16			8J x 16 mit 225/50 VR 16
4291 x 1652 x 1320				4291 x 1652 x 1320
2272				
1369 / 1379				1369 / 1379
1175 / 1500	1160 / 1500	1175 / 1500	1160 / 1500	1057
130				
80				
225	235			250
7	6,5		6,8	5
29,3	26,3		25,9	k. A.
12,6	10,4			k. A.
08/1979 - 07/1980	08/1980 - 07/1983		01/1983 - 07/1983	08/1983 - 12/1983

Typ	911 SC		
Baureihe (interne Bezeichnung)	911		
Karosserietyp	Coupé	Targa	Coupé
Stückzahlen			
Modelljahr 1978 (L-Serie)	5178	4308	-
Modelljahr 1979 (M-Serie)	5705	3839	-
Modelljahr 1980 (A-Programm)	-	-	9103
Modelljahr 1981 (B-Programm)	-	-	-
Modelljahr 1982 (C-Programm)	-	-	-
Modelljahr 1983 (D-Programm)	-	-	-
Modelljahr 1984 (E-Programm)	-	-	-

Die Modellplaner hatten ab der zweiten Hälfte der Siebziger auf die Frontmotor-Typen gesetzt und das G-Modell als letzte 911-Generation vorgesehen.

911 SC				911 Carrera SC/RS
911				
Targa	Coupé	Targa	Cabrio	Coupé
k. A.	-	-	-	-
k. A.	-	-	-	-
k. A.	k. A.	-	-	-
k. A.	4876	3120	-	-
k. A.	5892	4225	-	-
k. A.	5739	2750	4124	-
-	-	-	-	k. A.

Der Targa war lange die einzige offene Variante im 911-Modellprogramm.

Typ	911 Carrera 3.2		
Baureihe (interne Bezeichnung)	911		
Karosserietyp	Coupé		
Karosserieeigenschaften	Selbsttragende Stahlblech-Karosserie		
Motor			
Prinzip	Luftgekühlter Sechszylinder-Boxer im Heck, 2 Ventile pro Zylinder, Leichtmetallkolben, Bosch Motronic 2 DME mit LE Jetronic		
Hubraum (cm³)	3164		
Bohrung und Hub (mm)	95 x 74,5		
Verdichtungsverhältnis	10,3:1		
Leistung in PS (kW)	231 (170)	207 (152) Katalysator	217 (160) Katalysator
bei Umdrehungen (min)	5900		
Literleistung in PS	73	65	69
max. Drehmoment (Nm)	279	260	260
bei Umdrehungen (min)	4800		
Batteriekapazität (Ah)	88		
Lichtmaschinenleistung (W)	1260		
Kraftübertragung			
Antriebsart	Heckantrieb		
Getriebeart	Manuell, Fünfgang		
Fahrwerk			
Vorderachse	Einzelradaufhängung mit Querlenkern und Dämpferbeinen		
Hinterachse	Einzelradaufhängung mit Schräglenkern und Torsionsstabfederung		
Bremssystem	Zweikreis-Bremsanlage, vier Scheibenbremsen		
Räder/Reifen Vorderachse	6J x 15 mit 185/70 VR15		
Räder/Reifen Hinterachse	7J x 15 mit 215/60 VR15		
Abmessungen			
L x B x H in mm	4291 x 1652 x 1320		
Radstand in mm	2272		
Spur vorne/hinten in mm	1370 / 1380		
Leer- und Gesamtgewicht in kg	1210 / 1500		
Kofferraumvolumen (Liter)	130		
Tankinhalt in Litern	80		
Fahrleistungen			
Vmax (km/h)	247	240	235
Beschleunigung 0-100 km/h (s)	6,5	7	7
Beschleunigung 0-200 km/h (s)	23,1		
Sonstiges			
Bauzeit	08/1983 - 07/1989	08/1985 - 07/1989	08/1986 - 07/1989
Stückzahlen			
Modelljahr 1984 (E-Programm)	6532		
Modelljahr 1985 (F-Programm)	5710		
Modelljahr 1986 (G-Programm)	6883		
Modelljahr 1987 (H-Programm)	6986		
Modelljahr 1988 (J-Programm)	6986		
Modelljahr 1989 (K-Programm)	4785		

911 Carrera 3.2							
911							
Targa			Cabrio			Speedster	
Selbsttragende Stahlblech-Karosserie							
Luftgekühlter Sechszylinder-Boxer im Heck, 2 Ventile pro Zylinder, Leichtmetallkolben, Bosch Motronic 2 DME mit LE Jetronic							
3164							
95 x 74,5							
10,3:1							
231 (170)	207 (152) Kat.	217 (160) Kat.	231 (170)	207 (152) Kat.	217 (160) Kat.	231 (170)	217 (160) Kat.
5900							
73	65	69	73	65	69	73	69
279	260	260	279	260	260	279	260
4800							
88							
1260							
Heckantrieb							
Manuell, Fünfgang							
Einzelradaufhängung mit Querlenkern und Dämpferbeinen							
Einzelradaufhängung mit Schräglenkern und Torsionsstabfederung							
Zweikreis-Bremsanlage, vier Scheibenbremsen							
6J x 15 mit 185/70 VR15							
7J x 15 mit 215/60 VR15							
4291 x 1652 x 1320						4291 x 1775 x 1220	
2272							
1370 / 1380						1398 / 1405	
1225 / 1500			1210 / 1500			1290 / 1530	
130							
80							
247	240	235	247	240	235	240	235
6,5	7	7	6,5	7	7	6,1	7
23,1							
08/1983 - 07/1989	08/1985 - 07/1989	08/1986 - 07/1989	08/1983 - 07/1989	08/1985 - 07/1989	08/1986 - 07/1989	01/1989 - 08/1989	08/1988 - 03/1989
3793			3103			-	
3441			2708			-	
3813			4424			-	
3665			4202			-	
3665			4202			-	
1923			4148			2065	

Typ	911 Turbo
Baureihe (interne Bezeichnung)	911
Karosserietyp	Coupé
Karosserieeigenschaften	Selbsttragende Stahlblech-Karosserie, feststehender Heckflügel
Motor	
Prinzip	Luftgekühlter Sechszylinder-Boxer im Heck, Turbolader, 2 Ventile pro Zylinder, Leichtmetallkolben, Bosch K-Jetronic
Hubraum (cm³)	2993
Bohrung und Hub (mm)	95 x 70,4
Verdichtungsverhältnis	6,5:1
Leistung in PS (kW)	260 (191)
bei Umdrehungen (min)	5500
Literleistung in PS	87
max. Drehmoment (Nm)	329
bei Umdrehungen (min)	4000
Batteriekapazität (Ah)	66
Lichtmaschinenleistung (W)	980
Kraftübertragung	
Antriebsart	Heckantrieb
Getriebeart	Manuell, Viergang
Fahrwerk	
Vorderachse	Einzelradaufhängung an Querlenkern, Dämpferbeine, Stabilisator, längsliegende Torsionsfederstäbe
Hinterachse	Einzelradaufhängung an Schräglenkern und querliegende Torsionsfederstäbe, Stabilisator
Bremssystem	Zweikreis-Bremsanlage, vier Scheibenbremsen
Räder/Reifen Vorderachse	7J x 15 mit 205/50 VR15
Räder/Reifen Hinterachse	8J x15 mit 225/50 VR15
Abmessungen	
L x B x H in mm	4291 x 1775 x 1320
Radstand in mm	2272
Spur vorne/hinten in mm	1432 / 1502
Leer- und Gesamtgewicht in kg	1195 / 1525
Kofferraumvolumen (Liter)	130
Tankinhalt in Litern	80
Fahrleistungen	
Vmax (km/h)	250
Beschleunigung 0-100 km/h (s)	6
Beschleunigung 0-200 km/h (s)	19,8
Verbrauch l/100 km (Drittelmix)	20,0
Sonstiges	
Bauzeit	03/1975 - 07/1977
Stückzahlen	
Modelljahr 1975 (H-Serie)	284
Modelljahr 1976 (J-Serie)	1194
Modelljahr 1977 (K-Serie)	1422
Modelljahr 1978 (L-Serie)	-

911 Turbo 3.3		
911		
Coupé	Targa	Cabrio
Selbsttragende Stahlblech-Karosserie, feststehender Heckflügel		
Luftgekühlter Sechszylinder-Boxer im Heck, Turbolader mit Ladeluftkühler, 2 Ventile pro Zylinder, Leichtmetallkolben, Bosch K-Jetronic		
3299		
97 x 74,4		
7,0:1		
300 (221)		
5500		
91		
412		
4000		
88		
1260		
Heckantrieb		
Manuell, Viergang (ab 1989: Fünfgang)		
Einzelradaufhängung an Querlenkern, Dämpferbeine, Stabilisator, längsliegende Torsionsfederstäbe		
Einzelradaufhängung an Schräglenkern und querliegende Torsionsfederstäbe, Stabilisator		
Zweikreis-Bremsanlage, vorn 4-Kolben Scheibenbremsen, innenbelüftet		
7J x16 mit 205/55 VR16		
8J x16 mit 255/50 VR16		
4291 x 1775 x 1310		
2272		
1432 / 1492		
1300 / 1680	1335 / 1680	1335 / 1680
130		
80		
260		
5,5		
17,7		
14,5		
08/1977 - 07/1989	02/1987 - 07/1989	
-	-	-
-	-	-
-	-	-
1257	-	-

Typ	911 Turbo
Baureihe (interne Bezeichnung)	911
Karosserietyp	Coupé
Modelljahr 1979 (M-Serie)	-
Modelljahr 1980 (A-Programm)	-
Modelljahr 1981 (B-Programm)	-
Modelljahr 1982 (C-Programm)	-
Modelljahr 1983 (D-Programm)	-
Modelljahr 1984 (E-Programm)	-
Modelljahr 1985 (F-Programm)	-
Modelljahr 1986 (G-Programm)	-
Modelljahr 1987 (H-Programm)	-
Modelljahr 1988 (J-Programm)	-
Modelljahr 1989 (K-Programm)	-

911 Turbo 3.3		
911		
Coupé	Targa	Cabrio
2052	-	-
840	-	-
761	-	-
1027	-	-
1080	-	-
881	-	-
1148	-	-
2670	-	-
1420	330	316
1859	868	1424
1496	224	844

Ab Modelljahr 1987 blieb der Turbo auch den Frischluftfans nicht mehr vorenthalten.

LINKE SEITE: Dank Ladeluftkühler noch potenter: Porsche 911 Turbo.

Kapitel 3

964: Die klassische Moderne

1989-1993

Mit drei Karosserievarianten startete die 964-Baureihe in die Moderne.

Viele Fachleute prophezeien schon das Ende einer Ära, da präsentiert Porsche 1988 den 911 Carrera 4 (Typ 964). Nach fünfzehn Jahren Bauzeit des G-Modells wird der 911 zu 85 Prozent überarbeitet, so dass Porsche mit dem 964 ein modernes und zukunftsfähiges Fahrzeug anbieten kann. Der luftgekühlte 3,6-Liter-Boxermotor leistet jetzt 250 PS.

Äußerlich unterscheidet sich der 964 vom Vorgänger praktisch nur durch die aerodynamisch geformten PU-Stoßfänger und den elektrisch ausfahrbaren Heckspoiler, technisch sind sie aber kaum noch zu vergleichen. Das neue Modell soll nicht allein durch seine sportlichen Werte begeistern, sondern auch mit Fahrkomfort überzeugen. Der Fahrer erfreut sich an ABS, Servolenkung und Airbags.

Eine vollautomatische Viergang-Tiptronic, die Porsche als „Formel-1-Schaltung für die Serie" vermarktet, macht den 911 nach dem Ende der Sportomatic auch für Automatik-Fans den 911 wieder attraktiv. Zudem steht der Elfer auf einem vollkommen neuen Fahrwerk mit Leichtmetall-Querlenkern und Schraubenfedern statt der altehrwürdigen Drehstabfederung.

Nahezu revolutionär: Der neue Elfer wird als Carrera 4 erstmals von Beginn an mit Allradantrieb angeboten. Der heckangetriebene Carrera 2 kommt erst ein halbes Jahr später auf den Markt. Neben den Carrera-Varianten Coupé, Cabriolet und Targa können Kunden ab 1990 auch den 964 Turbo ordern.

Der Speedster der 964-Baureihe knüpfte an seine legendären Vorgänger an.

Längst haben die Zuffenhausener erkannt, dass eine Auffächerung des Programms für den 911 wie eine Frischzellenkur wirkt. Im Frühjahr 1991 erscheint der 911 Turbo S mit 381 PS, während der Carrera RS als puristische Sport-Variante zwar 145.000 Mark kostet, aber sogar auf Türgriffe zugunsten von einfachen Schlaufen zum Zuziehen verzichtet. Ein Jahr später erreicht der Carrera RS 3,8 als erster 911-Saugmotor die 300-PS-Marke. Und im Juni 1993 bekommt auch der Turbo das neue 3,6-Liter-Motorgehäuse mit 360 PS. Trotzdem wird im gleichen Jahr – nach nur fünf Jahren Bauzeit – der Nachfolger präsentiert.

Als begehrte Sammlerfahrzeuge der Baureihe 964 gelten vor allem 911 Carrera RS, 911 Turbo S sowie 911 Carrera 2 Speedster.

RECHTS: Die Designer hatten die Form des Porsche 911 nur unterhalb der Stoßfängerlinie anfassen dürfen.

Der Turbo vervollständigte ab 1991 wieder das Modellprogramm.

Typ	911 Carrera 2		
Baureihe (interne Bezeichnung)	964		
Karosserietyp	Coupé	Cabriolet	Targa
Karosserieeigenschaften	Selbsttragende Stahlblech-Karosserie mit autom. ausfahrendem Heckspoiler (ab 80 km/h)		
Motor			
Prinzip	Luftgekühlter Sechszylinder-Boxer im Heck, Leichtmetallzylinderblock, Doppelzündung, Digitale-Motor-Elektronik mit integrierter Klopfregelung, Trockensumpfschmierung, 2 Ventile pro Zylinder		
Hubraum (cm³)	3600		
Bohrung und Hub (mm)	100 x 76,4		
Verdichtungsverhältnis	11,3:1		
Leistung in PS (kW)	250 (184)		
bei Umdrehungen (min)	6100		
Literleistung in PS	69,4		
max. Drehmoment (Nm)	310		
bei Umdrehungen (min)	4800		
Batteriekapazität (Ah)	72		
Lichtmaschinenleistung (W)	1610		
Kraftübertragung			
Antriebsart	Heckantrieb		
Getriebeart	Manuell, Fünfgang (Tiptronic: Viergang)		
Fahrwerk			
Vorderachse	McPherson-Federbeine, Querlenker, Stabilisator, Schraubenfedern		
Hinterachse	Einzelradaufhängung mit Schräglenkern, Stabilisator, Schraubenfedern		
Bremssystem	Zweikreis, ABS, 2-Kolben-Alu-Festsättel		
Räder/Reifen Vorderachse	6J x 16 mit 205/55 ZR 16		
Räder/Reifen Hinterachse	8J x16 mit 255/50 ZR 16		
Abmessungen			
L x B x H in mm	4250 x 1652 x 1320		
Radstand in mm	2272		
Spur vorne/hinten in mm	1380 / 1374		
Leer- und Gesamtgewicht in kg	1350 (1380) / 1690	1365 (1395) / 1690	1365 (1395) / 1690
Kofferraumvolumen (Liter)	88		
Tankinhalt in Litern	77		
Fahrleistungen			
Vmax (km/h)	260 (256)		
Beschleunigung 0-100 km/h (s)	5,7 (6,6)		
Beschleunigung 0-200 km/h (s)	k. A.		
Verbrauch l/100 km (Drittelmix)	11,5		
Sonstiges			
Bauzeit	08/1989 - 11/1993	10/1989 - 11/1993	10/1989 - 07/1993
Stückzahlen			
Modelljahr 1990 (L-Programm)	5354*	1629*	541*
Modelljahr 1991 (M-Programm)	9448*	6093*	1942*
Modelljahr 1992 (N-Programm)	5559*	3877*	808*
Modelljahr 1993 (P-Programm)	3769*	2014*	556*
Modelljahr 1994 (R-Programm)	961*	598*	-

*) Stückzahlen Carrera 2 und Carrera 4 gesamt, (Werte für Tiptronic in Klammern)

911 Carrera 4		
964		
Coupé	Cabriolet	Targa
Selbsttragende Stahlblech-Karosserie mit automatisch ausfahrendem Heckspoiler (ab 80 km/h)		
Luftgekühlter Sechszylinder-Boxer im Heck, Leichtmetallzylinderblock, Doppelzündung, Digitale-Motor-Elektronik mit integrierter Klopfregelung, Trockensumpfschmierung, 2 Ventile pro Zylinder		
3600		
100 x 76,4		
11,3:1		
250 (184)		
6100		
69,4		
310		
4800		
72		
1610		
Allradantrieb		
Manuell, Fünfgang (Tiptronic: Viergang)		
McPherson-Federbeine, Querlenker, Stabilisator, Schraubenfedern		
Einzelradaufhängung mit Schräglenkern, Stabilisator, Schraubenfedern		
Zweikreis, ABS, 2-Kolben-Alu-Festsättel		
6J x 16 mit 205/55 ZR 16		
8J x 16 mit 255/50 ZR 16		
4250 x 1652 x 1320		
2272		
1380 / 1374		
1450 (1480) / 1790	1465 (1495) / 1790	1465 (1495) / 1790
88		
77		
260 (256)		
5,7 (6,6)		
k. A.		
11,8		
01/1989 - 07/1993	10/1989 - 11/1993	10/1989 - 07/1993
5354*	1629*	541*
9448*	6093*	1942*
5559*	3877*	808*
3769*	2014*	556*
961*	598*	-

Typ	911 Turbo	
Baureihe (interne Bezeichnung)	964	
Karosserietyp	Coupé	
Karosserieeigenschaften	Selbsttragende Stahlblech-Karosserie	
Motor		
Prinzip	Luftgekühlter Sechszylinder-Boxer im Heck mit Turbolader und Ladeluftkühlung, Leichtmetallzylinderblock, Digitale-Motor-Elektronik mit integrierter Klopfregelung, Trockensumpfschmierung, 2 Ventile pro Zylinder	
Hubraum (cm³)	3299	3600
Bohrung und Hub (mm)	97 x 74,4	100 x 76,4
Verdichtungsverhältnis	7,0:1	7,5:1
Leistung in PS (kW)	320 (235)	360 (265)
bei Umdrehungen (min)	5750	5500
Literleistung in PS	97	100
max. Drehmoment (Nm)	450	520
bei Umdrehungen (min)	4400	4200
Batteriekapazität (Ah)	72	-
Lichtmaschinenleistung (W)	1610	-
Kraftübertragung		
Antriebsart	Heckantrieb	
Schaltgetriebe	Fünfganggetriebe, manuell	
Automatikgetriebe	-	-
Fahrwerk		
Vorderachse	McPherson-Federbeine, Querlenker, Stabilisator, Schraubenfedern	
Hinterachse	Einzelradaufhängung mit Schräglenkern, Stabilisator, Schraubenfedern	
Bremssystem	Zweikreisbremsanlage mit innenbelüfteten Bremsscheiben (322 mm vorne, 299 mm hinten), ABS	
Räder/Reifen Vorderachse	7J x 17 mit 205/50 ZR 17	8J x 18 mit 225/40 ZR 18
Räder/Reifen Hinterachse	9J x 17 mit 255/45 ZR 17	10J x 18 mit 265/35 ZR 18
Abmessungen		
L x B x H in mm	4250 x 1775 x 1310	4275 x 1775 x 1290
Radstand in mm	2272	
Spur vorne/hinten in mm	1434 / 1493	1442 / 1488
Leer- und Gesamtgewicht in kg	1470 / 1810	1470 / 1810
Kofferraumvolumen (Liter)	88	
Tankinhalt in Litern	77	
Fahrleistungen		
Vmax (km/h)	275	280
Beschleunigung 0-100 km/h (s)	5	4,8
Beschleunigung 0-200 km/h (s)	24,3	16,4
Verbrauch l/100 km (Drittelmix)	13,3	13,3
Sonstiges		
Bauzeit	01/1991 - 09/1992	02/1993 - 02/1994
Stückzahlen		
Modelljahr 1991 (M-Programm)	2972	-
Modelljahr 1992 (N-Programm)	1145	-
Modelljahr 1993 (P-Programm)	k. A.	650
Modelljahr 1994 (R-Programm)	k. A.	937

911 Turbo S
964
Coupé
Selbsttragende Stahlblech-Karosserie
Luftgekühlter Sechszylinder-Boxer im Heck mit Turbolader und Ladeluftkühlung, Leichtmetallzylinderblock, Digitale-Motor-Elektronik mit integrierter Klopfregelung, Trockensumpfschmierung, 2 Ventile pro Zylinder
3299
97 x 74,4
7,0:1
381 (280)
6000
115
490
4800
-
-
Heckantrieb
Fünfganggetriebe, manuell
-
McPherson-Federbeine, Querlenker, Stabilisator, Schraubenfedern
Einzelradaufhängung mit Schräglenkern, Stabilisator, Schraubenfedern
Zweikreisbremsanlage mit innenbelüfteten Bremsscheiben (322 mm vorne, 299 mm hinten), ABS
8J x 18 mit 235/40 ZR 18
10J x 18 mit 265/35 ZR 18
4275 x 1775 x 1270
2272
1434 / 1493
1470 / 1810
88
77
290
4,6
22,4
15
05/1992 - 07/1993
-
-
86
-

Typ	Speedster
Baureihe (interne Bezeichnung)	964
Karosserietyp	Cabriolet
Karosserieeigenschaften	Selbsttragende Stahlblech-Karosserie
Motor	
Prinzip	Luftgekühlter Sechszylinder-Boxer im Heck, Leichtmetallzylinderblock, Doppelzündung, Digitale-Motor-Elektronik mit integrierter Klopfregelung, Trockensumpfschmierung, 2 Ventile pro Zylinder
Hubraum (cm³)	3600
Bohrung und Hub (mm)	100 x 76,4
Verdichtungsverhältnis	11,3:1
Leistung in PS (kW)	250 (184)
bei Umdrehungen (min)	6100
Literleistung in PS	69,4
max. Drehmoment (Nm)	310
bei Umdrehungen (min)	4800
Batteriekapazität (Ah)	72
Lichtmaschinenleistung (W)	1610
Kraftübertragung	
Antriebsart	Heckantrieb
Schaltgetriebe	Manuell, Fünfgang
Automatikgetriebe	-
Fahrwerk	
Vorderachse	McPherson-Federbeine, Querlenker, Stabilisator, Schraubenfedern
Hinterachse	Einzelradaufhängung mit Schräglenkern, Stabilisator, Schraubenfedern
Bremssystem	Zweikreis, ABS, 2-Kolben-Alu-Festsättel
Räder/Reifen Vorderachse	6J x 16 mit 205/55 ZR 16
Räder/Reifen Hinterachse	8J x 16 mit 255/50 ZR 16
Abmessungen	
L x B x H in mm	4250 x 1652 x 1280
Radstand in mm	2272
Spur vorne/hinten in mm	1380 / 1371
Leer- und Gesamtgewicht in kg	1350 / k. A.
Kofferraumvolumen (Liter)	88
Tankinhalt in Litern	77
Fahrleistungen	
Vmax (km/h)	260
Beschleunigung 0-100 km/h (s)	5,7
Beschleunigung 0-200 km/h (s)	k. A.
Verbrauch l/100 km (Drittelmix)	11,6
Sonstiges	
Bauzeit	09/1992 - 11/1993
Stückzahlen	
Modelljahr 1993 (P-Programm)	936

Typ	Carrera 2 RS	Carrera RS 3.8
Baureihe (interne Bezeichnung)	964	
Karosserietyp	Coupé	
Karosserieeigenschaften	Selbsttragende Stahlkarosserie mit feststehendem Heckflügel	
Motor		
Prinzip	Luftgekühlter Sechszylinder-Boxer im Heck, Leichtmetallzylinderblock, Doppelzündung, Digitale-Motor-Elektronik mit integrierter Klopfregelung, Trockensumpfschmierung, 2 Ventile pro Zylinder	
Hubraum (cm³)	3600	3746
Bohrung und Hub (mm)	100 x 76,4	102 x 76,4
Verdichtungsverhältnis	11,3:1	11,0:1
Leistung in PS (kW)	260 (191)	300 (221)
bei Umdrehungen (min)	6100	6500
Literleistung in PS	72	79
max. Drehmoment (Nm)	325	360
bei Umdrehungen (min)	4800	5250
Batteriekapazität (Ah)	72	
Lichtmaschinenleistung (W)	1610	
Kraftübertragung		
Antriebsart	Heckantrieb	
Schaltgetriebe	Fünfgang	
Automatikgetriebe	-	
Fahrwerk		
Vorderachse	McPherson-Federbeine, Querlenker, Stabilisator, Schraubenfedern	
Hinterachse	Einzelradaufhängung mit Schräglenkern, Stabilisator, Schraubenfedern	
Bremssystem	Zweikreisbremsanlage mit innenbelüfteten Bremsscheiben (322 mm vorne, 299 mm hinten) , ABS	
Räder/Reifen Vorderachse	7,5J x 17 mit 205/50 ZR 17	9J x 18 mit 235/40 ZR 18
Räder/Reifen Hinterachse	9J x 17 mit 255/40 ZR 17	11J x 18 mit 285/35 ZR 18
Abmessungen		
L x B x H in mm	4250 x 1652 x 1320	4275 x 1652 x 1370
Radstand in mm	2272	
Spur vorne/hinten in mm	1420 / 1470	1420 / 1470
Leer- und Gesamtgewicht in kg	1220 / 1430	1210 / 1430
Kofferraumvolumen (Liter)	88	
Tankinhalt in Litern	77	
Fahrleistungen		
Vmax (km/h)	260	270
Beschleunigung 0-100 km/h (s)	5,3	4,9
Beschleunigung 0-200 km/h (s)	18,8	16,6
Verbrauch l/100 km (Drittelmix)	15,3	
Sonstiges		
Bauzeit	11/1991 - 12/1992	06/1992 - 02/1994
Stückzahlen		
Modelljahr 1992 (N-Programm)	2282	992

Kapitel 4

993: Der letzte Luftgekühlte

1993-1998

Die geglättete Front überzeugte die 911-Fans auf Anhieb.

Beim 964 hat noch gegolten, dass die Stilikone oberhalb der Stoßfänger-Linie nicht verändert werden darf. Aber den Porsche-Managern ist Anfang der neunziger Jahre klar, dass die Grundform des 911 nach dreißig Jahren zwar beibehalten werden soll, leichte Retuschen aber erlaubt sein müssen, um den Weg in die Moderne zu öffnen.

Der 993, wie die neue Baureihe, die auf der IAA 1993 ihre Premiere feiert, genannt wird, ist bis heute die große Liebe vieler Porsche-Fahrer. Zum einen liegt das an der auffallend schönen Gestaltung. Die integrierten Stoßstangen unterstreichen den harmonischen Gesamteindruck. Die Frontpartie ist flacher als bei den Vorgängern, möglich gemacht durch den Wechsel von Rund- zu Polyellipsoid-Scheinwerfern.

Den Designern ist es vorbildlich gelungen, das Grundkonzept des 911 mit behutsamen Retuschen so zu modernisieren, dass der Neue sowohl als klassischer 911 als auch als Auto der Neunziger erkannt wird. Vom „fabrikneuen Oldtimer" wie beim 964 redet nun niemand mehr.

Heute ein Sammlertraum: Porsche Turbo Baureihe 993

Die Veränderungen betreffen aber nicht nur das Äußere. Als Leitmotiv für die Entwicklung hat „Agilität" gegolten – und tiefgreifende Änderungen unterm Blech mit sich gebracht. 80 Prozent aller Teile sind neu konstruiert. Die Karosserie ist um 20 Prozent steifer als die des Vorgängers. Der 3,6-Liter-Boxer leistet nun 272 PS und treibt den Porsche 911 Carrera bis auf 270 Stundenkilometer.

Deutlich agiler zeigt sich vor allem das vollkommen neu konstruierte Aluminiumfahrwerk mit LSA-Hinterachse. Aufgeräumter und ergonomischer wirkt auch der Innenraum. Und auch die Kostenanalytiker haben Grund zur Freude: So brauchen die Porsche-Arbeiter nur noch 85 statt 125 Stunden, um einen 911 der Baureihe 993 zusammenzuschrauben.

Ab 1995 gibt es wieder eine Turbo-Variante. Erstmals ist der stärkste 911 mit einem Biturbo-Aggregat ausgestattet, das bei seinem Erscheinen als emissionsärmster Serien-Automobilantrieb der Welt gilt. Eine weitere Innovation der allradangetriebenen Turbo-Version sind die erstmals im Automobilbau verwendeten Hohlspeichen-Aluminiumfelgen. Mit 408 PS setzt der Porsche 911 Turbo auch leistungsmäßig neue Maßstäbe.

Für ganz schnelle Sportwagenfreunde bietet Porsche den 911 GT2 an. Er basiert auf dem Turbo, verzichtet aber auf dessen Allradantrieb und ist als Basisfahrzeug für den Motorsport gewichtsoptimiert. Die 430 PS haben es dank der Gewichtsreduzierung um mehr als 200 Kilogramm mit einem leichteren Auto zu tun und katapultieren GT2-Piloten in die Nähe der magischen 300 km/h-Grenze. Mit einer Werksangabe von 297 Stundenkilometern ist der GT2 der bis dahin schnellste Serien-Porsche.

Im Herbst 1995 feiert der 911 Targa, der mit der Baureihe 964 entschlafen war, seine Wiederauferstehung. Statt des Überrollbügels ist sein Merkmal aber das elektrisch hinter die Heckscheibe zurückfahrende Glasdach. Gleichzeitig spendieren die Ingenieure dem 3,6-Liter-Sechszylinder des Carrera eine Leistungsspritze auf 285 PS, die maßgeblich auf das Konto des neuen „Varioram"-Ansaugsystems geht. Der Turbo S setzt im November 1997 der Leistungsevolution mit 450 PS die Krone auf. Über 304.000 Mark muss zahlen, wer sich zum exklusiven Kreis der 300 km/h-Fahrer zählen will.

Heute gilt der 993 als besonders ausgereift und zuverlässig Der wichtigste Grund aber, warum die „gusseisernen" Porsche-Enthusiasten den 993 bis heute schätzen: die von 1993 bis März 1998 gebaute Version ist der letzte Elfer mit luftgekühltem Motor.

Der Targa hatte statt eines herausnehmbaren Mittelteils ein elektrisch zurückfahrbares Glasdach.

Aus dieser Perspektive besonders gut zu erkennen: Die taillierte Form ließ den 993 extrem dynamisch erscheinen.

Typ	911 Carrera				
Baureihe (interne Bezeichnung)	993				
Karosserietyp	Coupé	Cabriolet	Coupé ab Modelljahr 1996	Cabriolet ab Modelljahr 1996	Targa
Karosserieeigenschaften	Selbsttragende Stahlblech-Karosserie				
Motor					
Prinzip	Luftgekühlter Sechszylinder-Boxer im Heck, Leichtmetallzylinderblock mit Nikasil-Beschichtung, Doppelzündung, hydraulischer Ventilspielausgleich, 2 Ventile pro Zylinder, zweiflutiges Auspuffsystem		Luftgekühlter Sechszylinder-Boxer im Heck, Leichtmetallzylinderblock mit Nikasil-Beschichtung, VarioRam, Doppelzündung, hydraulischer Ventilspielausgleich, 2 Ventile pro Zylinder, zweiflutiges Auspuffsystem		
Hubraum (cm^3)	3600				
Bohrung und Hub (mm)	100 x 76,4				
Verdichtungsverhältnis	11,3:1				
Leistung in PS (kW)	272 (200)		285 (210)		
bei Umdrehungen (min)	6100				
Literleistung in PS	76		79		
max. Drehmoment (Nm)	330		340		
bei Umdrehungen (min)	5000		5250		
Batteriekapazität (Ah)	74				
Lichtmaschinenleistung (W)	1610				
Kraftübertragung					
Antriebsart	Heckantrieb				
Getriebeart	Manuell, Sechsgang (Tiptronic Viergang)				
Fahrwerk					
Vorderachse	Federbeinachse nach McPherson				
Hinterachse	Mehrlenkerachse nach LSA-System				
Bremssystem	Zweikreisbremsanlage mit innenbelüfteten Bremsscheiben (304 mm vorne, 299 mm hinten), ABS				
Räder/Reifen Vorderachse	7J x 16 mit 205/55 ZR 16				
Räder/Reifen Hinterachse	9J x 16 mit 245/45 ZR 16				
Abmessungen					
L x B x H in mm	4245 x 1735 x 1300				
Radstand in mm	2272				
Spur vorne/hinten in mm	1405 / 1444				
Leer- und Gesamtgewicht in kg	1370 / 1710 (1395 / 1735)	1385 / 1710 (1410 / 1735)	1370 /1710 (1395 / 1735)	1385 / 1710 (1410 / 1735)	1400 / 1740 (1425 / 1765)
Kofferraumvolumen (Liter)	123				
Tankinhalt in Litern	74				
Fahrleistungen					
Vmax (km/h)	270 (265)		275 (270)		
Beschleunigung 0-100 km/h (s)	5,6 (6,6)		5,4 (6,4)		

Carrera S	911 Carrera 4				911 Carrera 4S	
993						
Coupé	Coupé	Cabriolet	Coupé ab Modelljahr 1996	Cabriolet ab Modelljahr 1996	Coupé	Cabriolet
Selbsttragende Stahlblech-Karosserie						
siehe linke Spalte (ab Modelljahr 1996)	Luftgekühlter Sechszylinder-Boxer im Heck, Leichtmetall-zylinderblock mit Nikasil-Beschichtung, Doppelzündung, hydraulischer Ventilspielausgleich, 2 Ventile pro Zylinder, zweiflutiges Auspuffsystem		Luftgekühlter Sechszylinder-Boxer im Heck, Leichtmetallzylinderblock mit Nikasil-Beschichtung, VarioRam, Doppelzündung, hydraulischer Ventilspielausgleich, 2 Ventile pro Zylinder, zweiflutiges Auspuffsystem			
3600						
100 x 76,4						
11,3:1						
285 (210)	272 (200)		285 (210)			
6100						
79	76		79			
340	330		340			
5250	5000		5250			
74						
1610						
Heckantrieb	Allradantrieb					
siehe linke Spalte	Manuell, Sechsgang					
Federbeinachse nach McPherson						
Mehrlenkerachse nach LSA-System						
Zweikreisbremsanlage mit innenbelüfteten Bremsscheiben (304 mm vorne, 299 mm hinten), ABS					Zweikreisbremsanlage mit innenbel. Bremsscheiben (322 mm vorne und hinten), ABS	
8J x 18 mit 225/40 ZR 18	7J x 16 mit 205/55 ZR 16				8J x 18 mit 225/40 ZR 18	
10J x 18 mit 285/30 ZR 18	9J x 16 mit 245/45 ZR 16				10J x 18 mit 285/30 ZR 18	
4245 x 1795 x 1285	4245 x 1735 x 1300				4245 x 1795 x 1285	
2272						
1411 / 1504	1405 / 1444				1411 / 1504	
1400 / 1740 (1425 / 1765)	1420 (1450) / 1760	1435 (1465) / 1760	1420 (1450) / 1760	1435 (1465) / 1760	1450 / 1790 (1475 / 1815)	
123						
74						
270	270		275		270	
5,3 (6,3)	5,4 (6,4)		5,3 (6,3)			

Typ	911 Carrera				
Baureihe (interne Bezeichnung)	993				
Karosserietyp	Coupé	Cabriolet	Coupé ab Modelljahr 1996	Cabriolet ab Modelljahr 1996	Targa
Beschleunigung 0-200 km/h (s)	21				
Verbrauch l/100 km (Drittelmix)	11,5	11,5	11,1 (11,3)	11,1 (11,3)	11,2
Sonstiges					
Bauzeit	10/1993 - 07/1995		08/1995 - 04/1998		11/1995 - 04/1998
Stückzahlen					
Modelljahr 1994 (R-Programm)	7865*	7074*	-	-	-
Modelljahr 1995 (S-Programm)	11.157*	6596*	-	-	-
Modelljahr 1996 (T-Programm)	-	-	10.433*	4218*	2442
Modelljahr 1997 (V-Programm)	-	-	10.766*	3836*	1843
Modelljahr 1998 (W-Programm)	-	-	2072*	1339*	334

*) Stückzahlen Carrera 2 und Carrera 4 gesamt
(Werte für Tiptronic S in Klammern)

Letzte Ausbaustufe: Zum Modelljahr 1996 erstarkte die Baureihe 993 auf 285 PS.

Carrera S	911 Carrera 4				911 Carrera 4S	
993						
Coupé	Coupé	Cabriolet	Coupé ab Modelljahr 1996	Cabriolet ab Modelljahr 1996	Coupé	Cabriolet
21					22,5	
12 (12,4)	11,5		11,3		11,5	
09/1996 - 12/1997	10/1993 - 07/1995		08/1995 - 04/1998		11/1995 - 04/1998	
-	7865*	7074*	-	-	-	-
-	11.157*	6596*	-	-	-	-
-	-	-	10.433*	4218*	k. A.	k. A.
k. A.	-	-	10.766*	3836*	k. A.	k. A.
k. A.	-	-	2072*	1339*	k. A.	k. A.

Automobiler Traum: Das Porsche 911 Cabriolet der Baureihe 993.

Typ	911 Turbo	911 Turbo S
Baureihe (interne Bezeichnung)	993	
Karosserietyp	Coupé	
Karosserieeigenschaften	Selbsttragende Stahlblech-Karosserie mit feststehendem Heckflügel	
Motor		
Prinzip	Luftgekühlter Sechszylinder-Boxer im Heck, Zwei KKK Turbolader mit Ladeluftkühlung, Leichtmetallzylinderblock mit Nikasil-Beschichtung, hydraulischer Ventilspielausgleich, 2 Ventile pro Zylinder, zweiflutiges Auspuffsystem	
Hubraum (cm^3)	3600	
Bohrung und Hub (mm)	100 x 76,4	
Verdichtungsverhältnis	8,0:1	
Leistung in PS (kW)	408	450
bei Umdrehungen (min)	5750	6000
Literleistung in PS	113	125
max. Drehmoment (Nm)	540	585
bei Umdrehungen (min)	4500	4500
Batteriekapazität (Ah)	75	
Lichtmaschinenleistung (W)	1610	
Kraftübertragung		
Antriebsart	Allradantrieb	
Schaltgetriebe	Manuell, Sechsgang	
Automatikgetriebe	-	
Fahrwerk		
Vorderachse	Federbeinachse nach McPherson	
Hinterachse	Mehrlenkerachse nach LSA-System	
Bremssystem	Zweikreisbremsanlage mit innenbelüfteten und gelochten Bremsscheiben (322 mm vorne und hinten), ABS	
Räder/Reifen Vorderachse	8J x 18 mit 225/40 ZR 18	
Räder/Reifen Hinterachse	10J x 18 mit 285/30 ZR 18	
Abmessungen		
L x B x H in mm	4245 x 1795 x 1285	
Radstand in mm	2272	
Spur vorne/hinten in mm	1411 / 1504	
Leer- und Gesamtgewicht in kg	1500 / 1840	
Kofferraumvolumen (Liter)	123	
Tankinhalt in Litern	74	
Fahrleistungen		
Vmax (km/h)	290	300
Beschleunigung 0-100 km/h (s)	4,5	4,1
Beschleunigung 0-200 km/h (s)	15,1	
Verbrauch l/100 km (Drittelmix)	15,7	
Sonstiges		
Bauzeit	04/1995 - 04/1998	11/1997 - 04/1998
Stückzahlen		
Modelljahr 1995 (S-Programm)	78	-
Modelljahr 1996 (T-Programm)	3841	-
Modelljahr 1997 (V-Programm)	2018	-
Modelljahr 1998 (W-Programm)	739	80

Typ	Carrera RS
Baureihe (interne Bezeichnung)	993
Karosserietyp	Coupé
Karosserieeigenschaften	Selbsttragende Stahlblech-Karosserie mit feststehendem Heckflügel
Motor	
Prinzip	Luftgekühlter Sechszylinder-Boxer im Heck, Leichtmetallzylinderblock mit Nikasil-Beschichtung, Doppelzündung, hydraulischer Ventilspielausgleich, 2 Ventile pro Zylinder, zweiflutiges Auspuffsystem, variables Ansaugsystem
Hubraum (cm^3)	3746
Bohrung und Hub (mm)	102 x 76,4
Verdichtungsverhältnis	11,3:1
Leistung in PS (kW)	300
bei Umdrehungen (min)	6500
Literleistung in PS	80
max. Drehmoment (Nm)	355
bei Umdrehungen (min)	5400
Batteriekapazität (Ah)	75
Lichtmaschinenleistung (W)	1610
Kraftübertragung	
Antriebsart	Heckantrieb
Schaltgetriebe	Sechsgang
Automatikgetriebe	n.a.
Fahrwerk	
Vorderachse	Federbeinachse nach McPherson
Hinterachse	Mehrlenkerachse nach LSA-System
Bremssystem	Zweikreisbremsanlage mit innenbelüfteten und gelochten Bremsscheiben (322 mm vorne und hinten), ABS
Räder/Reifen Vorderachse	8J x 18 mit 225/40 ZR 18
Räder/Reifen Hinterachse	10J x 18 mit 265/35 ZR 18
Abmessungen	
L x B x H in mm	4245 x 1735 x 1270
Radstand in mm	2272
Spur vorne/hinten in mm	1413 / 1452
Leer- und Gesamtgewicht in kg	1270 / 1550
Kofferraumvolumen (Liter)	123
Tankinhalt in Litern	74
Fahrleistungen	
Vmax (km/h)	277
Beschleunigung 0-100 km/h (s)	5,1
Beschleunigung 0-200 km/h (s)	19,6
Verbrauch l/100 km (Drittelmix)	12,4
Sonstiges	
Bauzeit	01/1995 - 12/1995
Stückzahlen	
Modelljahr 1994 (R-Programm)	-
Modelljahr 1995 (S-Programm)	274

Typ	911 GT2
Baureihe (interne Bezeichnung)	993
Karosserietyp	Coupé
Karosserieeigenschaften	Selbsttragende Stahlblech-Karosserie mit feststehendem Heckflügel
Motor	
Prinzip	Luftgekühlter Sechszylinder-Boxer im Heck, Zwei KKK Turbolader mit Ladeluftkühlung, Leichtmetallzylinderblock mit Nikasil-Beschichtung, hydraulischer Ventilspielausgleich, 2 Ventile pro Zylinder, zweiflutiges Auspuffsystem
Hubraum (cm^3)	3600
Bohrung und Hub (mm)	100 x 76,4
Verdichtungsverhältnis	8,0:1
Leistung in PS (kW)	430 (316)
bei Umdrehungen (min)	5750
Literleistung in PS	119
max. Drehmoment (Nm)	540
bei Umdrehungen (min)	4500
Batteriekapazität (Ah)	74
Lichtmaschinenleistung (W)	1610
Kraftübertragung	
Antriebsart	Heckantrieb
Schaltgetriebe	Manuell, Sechsgang
Automatikgetriebe	-
Fahrwerk	
Vorderachse	Federbeinachse nach McPherson
Hinterachse	Mehrlenkerachse nach LSA-System
Bremssystem	Zweikreisbremsanlage mit innenbelüfteten Bremsscheiben (322 mm vorne, und hinten), ABS
Räder/Reifen Vorderachse	9J x 18 mit 235/40 ZR 18
Räder/Reifen Hinterachse	11J x 18 mit 285/35 ZR 18
Abmessungen	
L x B x H in mm	4245 x 1853 x 1270
Radstand in mm	2272
Spur vorne/hinten in mm	1411 / 1540
Leer- und Gesamtgewicht in kg	1295 / 1840
Kofferraumvolumen (Liter)	123
Tankinhalt in Litern	74
Fahrleistungen	
Vmax (km/h)	297
Beschleunigung 0-100 km/h (s)	3,9
Beschleunigung 0-200 km/h (s)	13,3
Verbrauch l/100 km (Drittelmix)	k. A.
Sonstiges	
Bauzeit	04/1995 - 04/1998
Stückzahlen	241

Carrera RS und Carrera RS 3.8 Clubsport (erkennbar am großen Heckflügel und Überrollkäfig): Die sportlichen Sonderversionen verkörperten die 911-Philosophie in Reinform.

Kapitel 5

996: Das Wasserkraftwerk

1997-2006

Der Boxster hat sie ab Herbst 1996 vorgezeichnet – die große Zäsur in der 911-Historie. Der Typ 996, der von 1997 bis 2005 vom Band läuft, ist ein ganz neuer Elfer – ohne den Charakter des Klassikers aufzugeben. Als völlige Neuentwicklung wird diese Generation erstmals von einem wassergekühlten Boxermotor mit 3,4 Litern Hubraum angetrieben.

Abgasgesetzgebung und Lärmvorschriften haben den luftgekühlten Boxer an die Grenze seiner Möglichkeiten gebracht. Dank Vierventiltechnik leistet der Wasserboxer nun 300 PS und gilt als zukunftsweisend.

Das Design interpretiert die klassische Linie des 911 neu und zeichnet sich durch einen niedrigen cw-Wert von 0,30 aus. Die Linienführung des 996 ist zugleich Resultat des Gleichteilekonzeptes mit dem Erfolgsmodell Boxster. Auffälligstes Designmerkmal: die Frontscheinwerfer mit integrierten Blinkern – erst umstritten, dann von anderen Herstellern oft kopiert.

Alles anders: Im Heck kühlte jetzt Wasser statt Luft das Sechszylinder-Boxeraggregat.

Selbst von den stehenden Pedalen haben sich die Porsche-Techniker verabschiedet. Im Innenraum findet sich der Fahrer in einem völlig neuen Interieur wieder – mit ineinanderlaufenden Skalen statt der fünf klassischen Rundinstrumente.

Auch der Fahrkomfort spielt neben den typisch sportlichen Eigenschaften jetzt eine größere Rolle – das Längenwachstum von 20 Zentimetern kommt vor allem den Passagieren auf der Rücksitzbank zugute. Von der wirksamen Heiz- und Klimaanlage profitieren alle 911-Insassen.

Auch das neue Sicherheits-Niveau soll die Alltagstauglichkeit des neuen 911 betonen. Der Erfolg gibt den Konstrukteuren Recht: Mit mehr als 23.000 Exemplaren stellt der 996 in seinem ersten Produktionsjahr gleich einen Verkaufsrekord auf.

Mit einer Vielzahl neuer Varianten startet Porsche mit dem 996 eine Produktoffensive, wie es sie bis dahin nicht gegeben hat. Im April 1998 folgt das Cabrio mit komplett neu konstruiertem, aber immer elektrischen Verdeck und pyrotechnisch ausgelösten Überschlagsbügeln. Im Herbst 1998 gibt es wieder einen Carrera 4 mit Allradantrieb, der serienmäßig erstmals über das Porsche Stability Management (PSM) verfügt und neue Dimensionen der Fahrsicherheit erschließt.

Renntechnik pur bietet ab Mai 1999 der 911 GT3, der die Tradition des Carrera RS weiterführt. Der Motor ist direkt von denen der Rennautos 962 und GT1 abgeleitet. Mit Trockensumpfschmierung, Titanpleueln und Nockenwellenverstellung leistet das wassergekühlte 3,6 Liter große High-Tech-Triebwerk 360 PS. So schafft der GT3 als erstes Serienfahrzeug die Nürburgring-Nordschleife in weniger als acht Minuten und knackt auch als erster Sauger die 300 km/h-Marke.

Im Frühjahr 2000 gibt es endlich auch den Turbo mit Wasserkühlung. 420 PS leistet der 911 Turbo und verbraucht trotzdem nur 12,9 Liter auf 100 Kilometern. Als Extremsportler wird ab Herbst 2000 der 911 GT2 angeboten, der auf 462 PS erstarkt ist und serienmäßig mit Keramik-Bremsen verzögert. In guter Tradition verzichtet auch dieser GT2 auf den Allradantrieb und stellt seine Piloten vor große charakterliche Herausforderungen.

2001 beweist Porsche, dass man auf die 911-Enthusiasten hört und beseitigt mit dem Facelift einige Kritikpunkte. Die Scheinwerfer werden stilistisch verträglicher und auch der Innenraum erfährt nötigen Feinschliff. 3,6 Liter sorgen nun für 320 PS, VarioCam plus für mehr Drehmoment.

An der Scheinwerfergestaltung schieden sich die Geister.

Im Sommer 2003 gibt es erstmals seit 1987 wieder ein Cabriolet mit Turbomotor. Die Facelift-Modelle erhalten alle zusätzliche Leistung. Mit 483 PS setzt der GT2 ab September 2003 den Höhe- und Schlusspunkt. Denn 2004 endet die Geschichte des 996, der alle Verkaufszahlen seiner Vorgänger regelrecht pulverisierte und nach schwierigen Zeiten den Weg in die Zukunft bahnte.

Die 996 Basis-Modelle sind heute zu vergleichsweise günstigen Einstiegstarifen erhältlich, aber wie ihre Vorgänger auf dem Weg zum Klassiker. Insbesondere mit dem Allradantrieb des Carrera 4 ist der 996 auch mehr als fünfzehn Jahre nach seiner Präsentation ein moderner Sportwagen mit hoher Alltagstauglichkeit. Sammler haben dagegen den Wert der Turbo- und der GT3-Modelle bereits erkannt und deren Wert deutlich steigen lassen.

Ab 2000 stand endlich auch der Turbo mit Wasserkühlung bei den Händlern.

Typ	911 Carrera		911 Carrera 4	
Baureihe (interne Bezeichnung)	996			
Karosserietyp	Coupé	Cabriolet	Coupé	Cabriolet
Motor				
Prinzip	Sechszylinder-Boxermotor mit Aluminium-Kurbelgehäuse und Aluminium-Zylinderkopf, wassergekühlt, integrierte Trockensumpfschmierung, 4 obenliegende Nockenwellen, 4 Ventile pro Zylinder, variable Steuerzeiten, hydraulischer Ventilspielausgleich, Schaltsaugrohr, 2-flutige Abgasanlage mit je einem Dreiwege-Metallkatalysator, 2 Lambda-Sonden mit Stereoregelung, On-Board-Diagnose-System, Motoröl-Wechselmenge 8,5 Liter, Motorsteuerung DME (Digitale-Motor-Elektronik ME 7.2) für Zündung und Einspritzung, elektronische Zündung mit ruhender Zündverteilung (6 Zündspulen), sequenzielle Multipoint-Einspritzung, E-Gas			
Hubraum (cm^3)	3387			
Bohrung und Hub (mm)	96 x 78			
Verdichtungsverhältnis	11,3:1			
Leistung in PS (kW)	300 (221)			
bei Umdrehungen (min)	6800			
Literleistung in PS	88,6			
max. Drehmoment (Nm)	350			
bei Umdrehungen (min)	4600			
Batteriekapazität (Ah)	70			
Lichtmaschinenleistung (W)	1680			
Kraftübertragung				
Antriebsart	Heckantrieb		Allradantrieb	
Getriebeart	Manuell, Sechsgang (Tiptronic S: Fünfgang)			
Fahrwerk				
Vorderachse	McPherson-Bauart (Porsche-optimiert), Federbein-Achse mit einzeln an Querstreben, Längslenkern und Federbeinen aufgehängten Rädern, Kegelstumpffeder mit innenliegendem Stoßdämpfer, Zweirohr-Gasdruckdämpfer			
Hinterachse	Mehrlenker-Achse, einzeln an fünf Lenkern geführte Räder, zylindrische Schraubenfeder je Rad mit koaxialem innenliegendem Stoßdämpfer, Einrohr-Gasdruckdämpfer			
Bremssystem	Zweikreis-Bremsanlage, 4-Kolben-Alu-Monobloc-Bremssattel an Vorder- und Hinterachse, achsweise Aufteilung, gelochte, innenbelüftete Bremsscheiben an Vorder- und Hinterachse, serienmäßig ABS, Vakuum-Bremskraftverstärker			
Räder/Reifen Vorderachse	7J x 17 mit 205/50 ZR 17			
Räder/Reifen Hinterachse	9J x 17 mit 255/40 ZR 17			
Abmessungen				
L x B x H in mm	4430 x 1765 x 1305			
Radstand in mm	2350			
Spur vorne/hinten in mm	1455 / 1500			
Leer- und Gesamtgewicht in kg	1320 / 1720	1395	1375 / 1775 (1420 / 1820)	1450 /1850 (1495 / 1895)
Kofferraumvolumen (Liter)	130		100	
Tankinhalt in Litern	64			
Fahrleistungen				
Vmax (km/h)	280 (275)	280	280 (275)	280 (275)
Beschleunigung 0-100 km/h (s)	5,2 (6,0)	5,4	5,2 (6,0)	5,4 (6,2)
Beschleunigung 0-200 km/h (s)	18,3 (20,4)	19,1	18,3 (20,4)	19,1 (21,2)
Verbrauch l/100 km (Drittelmix)	12,5 (12,9)	12,5	12,7 (13,3)	12,7 (13,3)

Typ	911 Carrera		911 Carrera 4	
Baureihe (interne Bezeichnung)	996			
Karosserietyp	Coupé	Cabriolet	Coupé	Cabriolet
Sonstiges				
Bauzeit	08/1997 - 07/2001	04/1998 - 07/2001	10/1998 - 07/2001	10/1998 - 07/2001
Stückzahlen (gesamte Baureihe)				
Modelljahr 1998 (W-Programm)	13.783			
Modelljahr 1999 (X-Programm)	28.040			
Modelljahr 2000 (Y-Programm)	20.979			
Modelljahr 2001 (1-Programm)	27.275			

Brach alle bis dahin aufgestellten Verkaufsrekorde: Die Baureihe 996 war extrem erfolgreich.

Typ	911 Turbo
Baureihe (interne Bezeichnung)	996
Karosserietyp	Coupé
Motor	
Prinzip	Wassergekühlter Sechszylinder-Boxer mit Abgas-Bi-Turbolader im Heck, 4 Ventile pro Zylinder
Hubraum (cm^3)	3596
Bohrung und Hub (mm)	100 x 76,4
Verdichtungsverhältnis	9,4:1
Leistung in PS (kW)	420 (309)
bei Umdrehungen (min)	6000
Literleistung in PS	116,7
max. Drehmoment (Nm)	560
bei Umdrehungen (min)	2700
Batteriekapazität (Ah)	80
Lichtmaschinenleistung (W)	1680
Kraftübertragung	
Antriebsart	Allradantrieb
Schaltgetriebe	Sechsgang
Automatikgetriebe	Fünfgang
Fahrwerk	
Vorderachse	Federbeinachse nach McPherson
Hinterachse	Mehrlenker
Bremssystem	Zweikreis, ABS, PSM, 4-Kolben-Alu-Monobloc
Räder/Reifen Vorderachse	8J x 18 mit 225/40 R 18
Räder/Reifen Hinterachse	11J x 18 mit 295/30 ZR 18
Abmessungen	
L x B x H in mm	4435 x 1830 x 1295
Radstand in mm	2350
Spur vorne/hinten in mm	1472 / 1528
Leer- und Gesamtgewicht in kg	1660 / 1980
Kofferraumvolumen (Liter)	100
Tankinhalt in Litern	64
Fahrleistungen	
Vmax (km/h)	305
Beschleunigung 0-100 km/h (s)	4,3
Beschleunigung 0-200 km/h (s)	14,8
Verbrauch l/100 km (Drittelmix)	13,7
Sonstiges	
Bauzeit	02/2000 - 07/2001

Mit seitlicher Zwangsbeatmung für den Ladeluftkühler: Porsche 911 Turbo.

Typ	911 GT 3
Baureihe (interne Bezeichnung)	996
Karosserietyp	Coupé
Motor	
Prinzip	Sechszylinder-Boxermotor mit Aluminium-Kurbelgehäuse und Aluminium-Zylinderkopf, wassergekühlt, Titanpleuel, 4 obenliegende Nockenwellen, axiale Nockenwellenverstellung, 4 Ventile pro Zylinder, variable Steuerzeiten, hydraulischer Ventilspielausgleich, Schaltsaugrohr, Trockensumpfschmierung, 2-flutige Abgasanlage mit je einem Dreiwege-Metallkatalysator, 2 Lambda-Sonden mit Stereoregelung, Motoröl 12,5 Liter, Motorsteuerung DME (Digitale-Motor-Elektronik) für Zündung und Einspritzung, elektronische Zündung mit ruhender Zündverteilung (6 Zündspulen), sequenzielle Multipoint-Einspritzung
Hubraum (cm^3)	3596
Bohrung und Hub (mm)	100 x 76,4
Verdichtungsverhältnis	11,7:1
Leistung in PS (kW)	360 (265)
bei Umdrehungen (min)	7200
Literleistung in PS	100
max. Drehmoment (Nm)	370
bei Umdrehungen (min)	5000
Batteriekapazität (Ah)	36
Lichtmaschinenleistung (W)	1680
Kraftübertragung	
Antriebsart	Heckantrieb
Schaltgetriebe	Sechsgang
Automatikgetriebe	-
Fahrwerk	
Vorderachse	McPherson-Bauart (Porsche-optimiert), Federbein-Achse mit einzeln an Querstreben, Längslenkern und Federbeinen aufgehängten Rädern, zylindrische Federn mit innenliegendem Stoßdämpfer, Einrohr-Gasdruckdämpfer
Hinterachse	Mehrlenker-Achse, einzeln an fünf Lenkern geführte Räder, zylindrische Schraubenfeder je Rad mit koaxialem innenliegendem Stoßdämpfer, Einrohr-Gasdruckdämpfer
Bremssystem	Zweikreis-Bremsanlage, 4-Kolben-Alu-Monobloc-Bremssattel an Vorder- und Hinterachse, achsweise Aufteilung, gelochte, innenbelüftete Bremsscheiben an Vorder- und Hinterachse, serienmäßig ABS, Vakuum-Bremskraftverstärker
Räder/Reifen Vorderachse	8J x 18 mit 225/40 R 18
Räder/Reifen Hinterachse	10J x 18 mit 285/30 ZR 18
Abmessungen	
L x B x H in mm	4430 x 1765 x 1270
Radstand in mm	2350
Spur vorne/hinten in mm	1475 / 1495
Leer- und Gesamtgewicht in kg	1350 / 1630
Kofferraumvolumen (Liter)	110
Tankinhalt in Litern	64
Fahrleistungen	
Vmax (km/h)	302
Beschleunigung 0-100 km/h (s)	4,8
Beschleunigung 0-200 km/h (s)	15,8
Verbrauch l/100 km (Drittelmix)	14,0

Typ	911 GT 3
Baureihe (interne Bezeichnung)	996
Karosserietyp	Coupé
Sonstiges	
Bauzeit	08/1999 - 07/2001
Stückzahlen	1886

Der Porsche 911 GT 3 präsentierte sich als Basis für diverse Motorsport-Serien.

Typ	911 GT2
Baureihe (interne Bezeichnung)	996
Karosserietyp	Coupé
Motor	
Prinzip	Sechszylinder-Boxermotor, wassergekühlt, Trockensumpfschmierung, 4 obenliegende Nockenwellen, 4 Ventile pro Zylinder, axiale Nockenwellenverstellung, Ventilhubschaltung, hydraulischer Ventilspielausgleich, 2 Abgas-Turbolader, 2 Ladeluftkühler, 2-flutige Abgasanlage mit je einem Dreiwege-Metallkatalysator, 2 Lambda-Sonden mit Stereoregelung, On-Board-Diagnose-System, Motoröl-Wechselmenge 7,8 Liter, Motorsteuerung DME (Digitale-Motor-Elektronik ME 7.8) für Zündung und Einspritzung, elektronische Zündung mit ruhender Zündverteilung (6 Zündspulen), sequenzielle Multipoint-Einspritzung, E-Gas
Hubraum (cm^3)	3596
Bohrung und Hub (mm)	100 x 76,4
Verdichtungsverhältnis	9,4:1
Leistung in PS (kW)	462 (340)
bei Umdrehungen (min)	5700
Literleistung in PS	128,3
max. Drehmoment (Nm)	620
bei Umdrehungen (min)	3500
Batteriekapazität (Ah)	60
Lichtmaschinenleistung (W)	1680
Kraftübertragung	
Antriebsart	Heckantrieb
Schaltgetriebe	Sechsgang
Automatikgetriebe	-
Fahrwerk	
Vorderachse	McPherson-Bauart (Porsche-optimiert), Federbein-Achse mit einzeln an Querstreben, Längslenkern und Federbeinen aufgehängten Rädern, geteilte untere Dreieckslenker mit Sturzverstellmöglichkeit über Distanzplatten, Stützlager umstellbar für Sturzbereich Straßenreifen/Rennreifen und Feinabstimmung, zylindrische Federn mit innenliegendem Stoßdämpfer, Einrohr-Gasdruckdämpfer
Hinterachse	Mehrlenker-Achse mit starr aufgehängten Seitenteilen, einzeln an fünf Lenkern geführte Räder, Federbeine mit konzentrischen zylindrischen Schraubenfedern und Einrohr-Gasdruckdämpfer
Bremssystem	Zweikreis Porsche Ceramic Composite Brake, ABS, 6-Kolben-Alu-Monobloc an Vorderachse, 4-Kolben-Alu-Monobloc an Hinterachse
Räder/Reifen Vorderachse	8.5J x 18 mit 235/40 R 18
Räder/Reifen Hinterachse	12J x 18 mit 315/30 ZR 18
Abmessungen	
L x B x H in mm	4450 x 1830 x 1275
Radstand in mm	2355
Spur vorne/hinten in mm	1485 / 1520
Leer- und Gesamtgewicht in kg	1440 / 1730
Kofferraumvolumen (Liter)	110
Tankinhalt in Litern	89
Fahrleistungen	
Vmax (km/h)	315
Beschleunigung 0-100 km/h (s)	4,1
Beschleunigung 0-200 km/h (s)	12,9

Typ	911 GT2
Baureihe (interne Bezeichnung)	996
Karosserietyp	Coupé
Verbrauch l/100 km (Drittelmix)	13,7
Sonstiges	
Bauzeit	11/2000 - 07/2001
Stückzahlen	k. A.

Krönung der 996-Baureihe war der GT 2, der mit leistungsgesteigertem Turbomotor, aber ohne Allradantrieb, seinem Besitzer besondere fahrerische Fähigkeiten abverlangte.

Typ	911 Carrera		911 Targa
Baureihe (interne Bezeichnung)	996		
Karosserietyp	Coupé	Cabriolet	Targa
Motor			
Prinzip	Sechszylinder-Boxermotor mit Aluminium-Kurbelgehäuse und Aluminium-Zylinderkopf, wassergekühlt, integrierte Trockensumpfschmierung, 4 obenliegende Nockenwellen, 4 Ventile pro Zylinder, kontinuierliche Nockenwellenverstellung und Ventilhubschaltung (VarioCam Plus), hydraulischer Ventilspielausgleich, Schaltsaugrohr, 2-flutige Abgasanlage mit je einem Dreiwege-Katalysator, 4 Lambda-Sonden für Gemisch-Regelung und Diagnose, On-Board-Diagnose-System, Motoröl-Wechselmenge 8 Liter, Motorsteuerung DME (Digitale-Motor-Elektronik ME 7.8) für Zündung und Einspritzung, elektronische Zündung mit ruhender Zündverteilung (6 Zündspulen), sequenzielle Multipoint-Einspritzung, E-Gas		
Hubraum (cm^3)	3596		
Bohrung und Hub (mm)	96 x 82,8		
Verdichtungsverhältnis	11,3:1		
Leistung in PS (kW)	320 (235)		
bei Umdrehungen (min)	6800		
Literleistung in PS	89		
max. Drehmoment (Nm)	370		
bei Umdrehungen (min)	4250		
Batteriekapazität (Ah)	80		
Lichtmaschinenleistung (W)	1680		
Kraftübertragung			
Antriebsart	Heckantrieb		
Getriebe	Manuell, Sechsgang (Tiptronic S: Fünfgang)		
Fahrwerk			
Vorderachse	McPherson-Bauart (Porsche-optimiert), Federbein-Achse mit einzeln an Querstreben, Längslenkern und Federbeinen aufgehängten Rädern, Kegelstumpffeder mit innenliegendem Stoßdämpfer, Zweirohr-Gasdruckdämpfer		
Hinterachse	Mehrlenker-Achse, einzeln an fünf Lenkern geführte Räder, zylindrische Schraubenfeder je Rad mit koaxialem innenliegendem Stoßdämpfer, Einrohr-Gasdruckdämpfer		
Bremssystem	Zweikreis-Bremsanlage, 4-Kolben-Alu-Monobloc-Bremssattel an Vorder- und Hinterachse, achsweise Aufteilung, gelochte, innenbelüftete Bremsscheiben an Vorder- und Hinterachse, serienmäßig ABS, Vakuum-Bremskraftverstärker		
Räder/Reifen Vorderachse	7J x 17 mit 205/50 ZR 17		
Räder/Reifen Hinterachse	9J x 17 mit 255/40 ZR 17		
Abmessungen			
L x B x H in mm	4430 x 1770 x 1305		
Radstand in mm	2350		
Spur vorne/hinten in mm	1465 / 1500		
Leer- und Gesamtgewicht in kg	1345 / 1855	1420 / 1855	1440 / 1900 (1495 / 1900)
Kofferraumvolumen (Liter)	130		
Tankinhalt in Litern	64		
Fahrleistungen			
Vmax (km/h)	285 (280)	285 (280)	285 (280)
Beschleunigung 0-100 km/h (s)	5,0 (5,5)	5,2 (5,7)	5,2 (5,7)
Beschleunigung 0-200 km/h (s)	17,5 (20,4)	18,3 (20,4)	18,3 (20,4)

911 Carrera 4		**911 Carrera 4S**	
996			
Coupé	Cabriolet	Coupé	Cabriolet
Sechszylinder-Boxermotor mit Aluminium-Kurbelgehäuse und Aluminium-Zylinderkopf, wassergekühlt, integrierte Trockensumpfschmierung, 4 obenliegende Nockenwellen, 4 Ventile pro Zylinder, kontinuierliche Nockenwellenverstellung und Ventilhubschaltung (VarioCam Plus), hydraulischer Ventilspielausgleich, Schaltsaugrohr, 2-flutige Abgasanlage mit je einem Dreiwege-Katalysator, 4 Lambda-Sonden für Gemisch-Regelung und Diagnose, On-Board-Diagnose-System, Motoröl-Wechselmenge 8 Liter, Motorsteuerung DME (Digitale-Motor-Elektronik ME 7.8) für Zündung und Einspritzung, elektronische Zündung mit ruhender Zündverteilung (6 Zündspulen), sequenzielle Multipoint-Einspritzung, E-Gas			
3596			
96 x 82,8			
11,3:1			
320 (235)			
6800			
89			
370			
4250			
80			
1680			
Allradantrieb			
Manuell, Sechsgang (Tiptronic S: Fünfgang)			
McPherson-Bauart (Porsche-optimiert), Federbein-Achse mit einzeln an Querstreben, Längslenkern und Federbeinen aufgehängten Rädern, Kegelstumpffeder mit innenliegendem Stoßdämpfer, Zweirohr-Gasdruckdämpfer			
Mehrlenker-Achse, einzeln an fünf Lenkern geführte Räder, zylindrische Schraubenfeder je Rad mit koaxialem innenliegendem Stoßdämpfer, Einrohr-Gasdruckdämpfer			
Zweikreis-Bremsanlage, 4-Kolben-Alu-Monobloc-Bremssattel an Vorder- und Hinterachse, achsweise Aufteilung, gelochte, innenbelüftete Bremsscheiben an Vorder- und Hinterachse, serienmäßig ABS, Vakuum-Bremskraftverstärker			
7J x 17 mit 205/50 ZR 17		8J x 18 mit 225/40 ZR 18	
9J x 17 mit 255/40 ZR 17		11J x 18 mit 295/30 ZR 18	
4430 x 1770 x 1305			4435 x 1830 x 1295
2350			
1465 / 1500			1472 / 1528
1450 / 1855 (1495 / 1900)	1480 / 1855 (1525 / 1900)	1510 / 1915 (1555 / 1960)	1565 / 1965 (1610 / 2010)
100			
64			
285 (280)	285 (280)	280 (275)	280 (275)
5,0 (5,5)	5,2 (5,7)	5,1 (5,6)	5,3 (5,9)
17,6 (20,5)	24,2 (25,2)	18,3 (21,4)	19,1 (22,2)

Typ	911 Carrera		911 Targa
Baureihe (interne Bezeichnung)	996		
Karosserietyp	Coupé	Cabriolet	Targa
Verbrauch l/100 km (Drittelmix)	k. A	11,7	11,8 (12,1)
Sonstiges			
Bauzeit	08/2001 - 07/2004		
Stückzahlen (gesamte Baureihe)			
Modelljahr 2002 (2-Programm)			
Modelljahr 2003 (3-Programm)			
Modelljahr 2004 (4-Programm)			

(Werte für Tiptronic S in Klammern)

Der Turbo hatte als erstes Modell der Baureihe die Scheinwerfer nicht mehr in „Spiegelei"-Optik – mit dem Facelift folgten auch die Saugmotor-Modelle der neuen Design-Linie.

911 Carrera 4		911 Carrera 4S	
996			
Coupé	Cabriolet	Coupé	Cabriolet
11,8 (12,1)	k. A	12,0	k. A
08/2001 - 07/2004	09/2001 - 07/2004		
33.013			
29.547			
26.526			

Das Verdeck des Cabriolets war erstmals seit 1981 komplett neu konstruiert worden – Coupé und Cabrio wurden übrigens parallel entwickelt.

Typ	911 Turbo	
Baureihe (interne Bezeichnung)	996	
Karosserietyp	Coupé	Cabriolet
Motor		
Prinzip	Sechszylinder-Boxermotor mit Aluminium-Kurbelgehäuse und Aluminium-Zylinderkopf, wassergekühlt, Trockensumpfschmierung, 4 obenliegende Nockenwellen, 4 Ventile pro Zylinder, kontinuierliche Nockenwellenverstellung und Ventilhubschaltung (VarioCam Plus), hydraulischer Ventilspielausgleich, 2 Abgas-Turbolader, 2 Ladeluftkühler, 2-flutige Abgasanlage mit je einem Dreiwege-Katalysator, 4 Lambda-Sonden für Gemisch-Regelung und Diagnose, On-Board-Diagnose-System, Motoröl-Wechselmenge 7,8 Liter, Motorsteuerung DME (Digitale-Motor-Elektronik ME 7.8) für Zündung und Einspritzung, elektronische Zündung mit ruhender Zündverteilung (6 Zündspulen), sequenzielle Multipoint-Einspritzung, E-Gas	
Hubraum (cm³)	3596	
Bohrung und Hub (mm)	100 x 76,4	
Verdichtungsverhältnis	9,4:1	
Leistung in PS (kW)	420 (309)	
bei Umdrehungen (min)	6000	
Literleistung in PS	116,7	
max. Drehmoment (Nm)	560	
bei Umdrehungen (min)	2700	
Batteriekapazität (Ah)	80	
Lichtmaschinenleistung (W)	1680	
Kraftübertragung		
Antriebsart	Allradantrieb	
Getriebe	Manuell, Sechsgang (Tiptronic S: Fünfgang)	
Fahrwerk		
Vorderachse	McPherson-Bauart (Porsche-optimiert), Federbein-Achse mit einzeln an Querstreben, Längslenkern und Federbeinen aufgehängten Rädern, Kegelstumpffeder mit innenliegendem Stoßdämpfer, Zweirohr-Gasdruckdämpfer	
Hinterachse	Mehrlenker-Achse, einzeln an fünf Lenkern geführte Räder, zylindrische Schraubenfeder je Rad mit koaxialem innenliegendem Stoßdämpfer, Einrohr-Gasdruckdämpfer	
Bremssystem	Zweikreis-Bremsanlage, 4-Kolben-Alu-Monobloc-Bremssattel an Vorder- und Hinterachse, achsweise Aufteilung, gelochte, innenbelüftete Bremsscheiben an Vorder- und Hinterachse, serienmäßig ABS, Vakuum-Bremskraftverstärker	
Räder/Reifen Vorderachse	8J x 18 mit 225/40 ZR 18	
Räder/Reifen Hinterachse	11J x 18 mit 295/30 ZR 18	
Abmessungen		
L x B x H in mm	4435 x 1830 x 1295	
Radstand in mm	2350	
Spur vorne/hinten in mm	1472 / 1528	
Leer- und Gesamtgewicht in kg	1660 / 1980 (1700 / 2020)	1720 / 2025 (1760 / 2065)
Kofferraumvolumen (Liter)	100	
Tankinhalt in Litern	64	
Fahrleistungen		
Vmax (km/h)	305 (298)	305 (298)
Beschleunigung 0-100 km/h (s)	4,2 (4,8)	4,3 (4,9)
Beschleunigung 0-200 km/h (s)	14,5 (16,3)	14,8 (16,6)
Verbrauch l/100 km (Drittelmix)	12,9 (13,9)	12,9 (13,9)

(Werte für Tiptronic S in Klammern)

911 Turbo S	
996	
Coupé	Cabriolet
Sechszylinder-Boxermotor mit Aluminium-Kurbelgehäuse und Aluminium-Zylinderkopf, wassergekühlt, Trockensumpfschmierung, 4 obenliegende Nockenwellen, 4 Ventile pro Zylinder, kontinuierliche Nockenwellenverstellung und Ventilhubschaltung (VarioCam Plus), hydraulischer Ventilspielausgleich, 2 Abgas-Turbolader, 2 Ladeluftkühler, 2-flutige Abgasanlage mit je einem Dreiwege-Katalysator, 4 Lambda-Sonden für Gemisch-Regelung und Diagnose, On-Board-Diagnose-System, Motoröl-Wechselmenge 7,8 Liter, Motorsteuerung DME (Digitale-Motor-Elektronik ME 7.8) für Zündung und Einspritzung, elektronische Zündung mit ruhender Zündverteilung (6 Zündspulen), sequenzielle Multipoint-Einspritzung, E-Gas	
3596	
100 x 76,4	
9,4:1	
450 (331)	
5700	
125	
620	
3500	
80	
1680	
Allradantrieb	
Manuell, Sechsgang (Tiptronic S: Fünfgang)	
McPherson-Bauart (Porsche-optimiert), Federbein-Achse mit einzeln an Querstreben, Längslenkern und Federbeinen aufgehängten Rädern, Kegelstumpffeder mit innenliegendem Stoßdämpfer, Zweirohr-Gasdruckdämpfer	
Mehrlenker-Achse, einzeln an fünf Lenkern geführte Räder, zylindrische Schraubenfeder je Rad mit koaxialem innenliegendem Stoßdämpfer, Einrohr-Gasdruckdämpfer	
Zweikreis-Bremsanlage, Porsche Ceramic Composite Brake, 6-Kolben-Alu-Monobloc-Bremssattel an Vorderachse und 4-Kolben-Alu-Monobloc-Bremssattel an der Hinterachse, achsweise Aufteilung, gelochte, innenbelüftete Keramik-Bremsscheiben an Vorder- und Hinterachse, serienmäßig ABS, Vakuum-Bremskraftverstärker	
8J x 18 mit 225/40 ZR 18	
11J x 18 mit 295/30 ZR 18	
4435 x 1830 x 1295	
2350	
1472 / 1528	
1660 / 1980 (1700 / 2020)	1720 / 2025
100	
64	
307 (300)	307 (300)
4,2 (4,5)	4,3 (4,6)
13,6 (15,1)	13,9 (15,5)
13,3 (14,2)	13,3 (14,2)

Typ	911 Turbo	
Baureihe (interne Bezeichnung)	996	
Karosserietyp	Coupé	Cabriolet
Sonstiges		
Bauzeit	09/2001 - 07/2004	09/2003 - 07/2004
Stückzahlen	k. A.	k. A.

Mit der Baureihe 996 gewann das Modellangebot deutlich an Vielfalt – die Turbo S-Modelle waren leistungsgesteigert und mit mehr Ausstattung versehen.

	911 Turbo S	
	996	
	Coupé	Cabriolet
	10/2003 - 07/2004	10/2003 - 07/2004
	k. A.	k. A.

Typ	911 GT3
Baureihe (interne Bezeichnung)	996
Karosserietyp	Coupé
Karosserieeigenschaften	selbsttragend, beidseitig verzinkter Leichtbau-Ganzstahl-Aufbau, Fullsize- und Seiten-Airbag für Fahrer und Beifahrer (Clubsport-Ausstattung ohne Seiten-Airbag), Anzahl der Sitzplätze 2
Motor	
Prinzip	Sechszylinder-Boxermotor, wassergekühlt, Titanpleuel, 4 obenliegende Nockenwellen, axiale Nockenwellenverstellung, 4 Ventile pro Zylinder, variable Steuerzeiten, hydraulischer Ventilspielausgleich, Schaltsaugrohr, Trockensumpfschmierung, 2-flutige Abgasanlage mit je einem Dreiwege-Metallkatalysator, 2 Lambda-Sonden mit Stereoregelung, Motoröl 12,5 Liter, Motorsteuerung DME (Digitale-Motor-Elektronik) für Zündung und Einspritzung, elektronische Zündung mit ruhender Zündverteilung (6 Zündspulen), sequenzielle Multipoint-Einspritzung
Hubraum (cm^3)	3596
Bohrung und Hub (mm)	100 x 76,4
Verdichtungsverhältnis	11,7:1
Leistung in PS (kW)	381
bei Umdrehungen (min)	7400
Literleistung in PS	105,8
max. Drehmoment (Nm)	385
bei Umdrehungen (min)	5000
Batteriekapazität (Ah)	60
Lichtmaschinenleistung (W)	1680
Kraftübertragung	
Antriebsart	Heckantrieb
Schaltgetriebe	Sechsgang
Automatikgetriebe	-
Fahrwerk	
Vorderachse	McPherson-Bauart (Porsche-optimiert), Federbein-Achse mit einzeln an Querstreben, Längslenkern und Federbeinen aufgehängten Rädern, zylindrische Federn mit innenliegendem Stoßdämpfer, Einrohr-Gasdruckdämpfer
Hinterachse	Mehrlenker-Achse, einzeln an fünf Lenkern geführte Räder, zylindrische Schraubenfeder je Rad mit koaxialem innenliegendem Stoßdämpfer, Einrohr-Gasdruckdämpfer
Bremssystem	Zweikreis-Bremsanlage, 4-Kolben-Alu-Monobloc-Bremssattel an Vorder- und Hinterachse, achsweise Aufteilung, gelochte, innenbelüftete Bremsscheiben an Vorder- und Hinterachse, serienmäßig ABS, Vakuum-Bremskraftverstärker
Räder/Reifen Vorderachse	8,5J x 18 mit 235/40 R 18
Räder/Reifen Hinterachse	11J x 18 mit 295/30 ZR 18
Abmessungen	
L x B x H in mm	4435 x 1770 x 1275
Radstand in mm	2355
Spur vorne/hinten in mm	1488 / 1488
Leer- und Gesamtgewicht in kg	1380 / 1660
Kofferraumvolumen (Liter)	110
Tankinhalt in Litern	89
Fahrleistungen	
Vmax (km/h)	306
Beschleunigung 0-100 km/h (s)	4,5

911 GT3 RS
996
Coupé
selbsttragend, gewichtsoptimierter beidseitig verzinkter Leichtbau-Ganzstahl-Aufbau, Kofferraumdeckel, Heckflügel und Außenspiegel in Carbon, Bugteil mit Luftaustrittsöffnungen für Kühlerabluft, zusätzlicher Staudrucksammler auf Kunststoff-Heckdeckel, Heckscheibe aus Acryl-Glas, Fullsize-Airbag für Fahrer und Beifahrer, Anzahl der Sitzplätze 2
Sechszylinder-Boxermotor, wassergekühlt, Titanpleuel, 4 obenliegende Nockenwellen, axiale Nockenwellenverstellung, 4 Ventile pro Zylinder, variable Steuerzeiten, hydraulischer Ventilspielausgleich, Schaltsaugrohr, Trockensumpfschmierung, 2-flutige Abgasanlage mit je einem Dreiwege-Metallkatalysator, 2 Lambda-Sonden mit Stereoregelung, Motoröl 12,5 Liter, Motorsteuerung DME (Digitale-Motor-Elektronik) für Zündung und Einspritzung, elektronische Zündung mit ruhender Zündverteilung (6 Zündspulen), sequenzielle Multipoint-Einspritzung
3596
100 x 76,4
11,7:1
381
7400
105,8
385
5000
60
1680
Heckantrieb
Sechsgang
-
McPherson-Bauart mit speziellen Radträgern aus dem Rennsport, Federbein-Achse mit einzeln an Querstreben, Längslenkern und Federbeinen aufgehängten Rädern, Zylindrische Federn mit innenliegendem Stoßdämpfer, Einrohr-Gasdruckdämpfer, geteilte Querlenker, rennsportorientierte Achskinematik
Mehrlenker-Achse, einzeln an fünf Lenkern geführte Räder, zylindrische Schraubenfeder je Rad mit koaxialem innenliegendem Stoßdämpfer, Einrohr-Gasdruckdämpfer, geteilte Querlenker, optimierte Radträger für rennsportorientierte Achskinematik
Zweikreis-Bremsanlage mit achsweiser Aufteilung, 6-Kolben-Alu-Monobloc-Bremssattel an Vorderachse, 4-Kolben-Alu-Monobloc-Bremssattel an Hinterachse, gelochte, innenbelüftete Bremsscheiben an Vorder- und Hinterachse, serienmäßig ABS 5.7 (4-Kanal), spezielle Bremsluftspoiler zur Bremsenkühlung an der Vorderachse, Unterdruck-Bremskraftverstärker
8,5J x 18 mit 235/40 R 18
11J x 18 mit 295/30 ZR 18
4435 x 1770 x 1275
2355
1485 / 1495
1360 / 1660
110
89
306
4,4

Typ	911 GT3
Baureihe (interne Bezeichnung)	996
Karosserietyp	Coupé
Beschleunigung 0-200 km/h (s)	14,3
Verbrauch l/100 km (Drittelmix)	13,9
Sonstiges	
Bauzeit	04/2003 - 07/2004
Stückzahlen	k. A.

Der Porsche 911 GT3 bot Renntechnik kombiniert mit Straßentauglichkeit, ...

911 GT3 RS
996
Coupé
14
12,9
04/2003 - 09/2003
k. A.

... während der GT3 RS kompromisslos für den Einsatz auf der Rennstrecke konzipiert war.

Typ	911 GT2
Baureihe (interne Bezeichnung)	996
Karosserietyp	Coupé
Motor	
Prinzip	Sechszylinder-Boxermotor, wassergekühlt, Trockensumpfschmierung, 4 obenliegende Nockenwellen, 4 Ventile pro Zylinder, axiale Nockenwellenverstellung, Ventilhubschaltung, hydraulischer Ventilspielausgleich, 2 Abgas-Turbolader, 2 Ladeluftkühler, 2-flutige Abgasanlage mit je einem Dreiwege-Metallkatalysator, 2 Lambda-Sonden mit Stereoregelung, On-Board-Diagnose-System, Motoröl-Wechselmenge 7,8 Liter, Motorsteuerung DME (Digitale-Motor-Elektronik ME 7.8) für Zündung und Einspritzung, elektronische Zündung mit ruhender Zündverteilung (6 Zündspulen), sequenzielle Multipoint-Einspritzung, E-Gas
Hubraum (cm^3)	3596
Bohrung und Hub (mm)	100 x 76,4
Verdichtungsverhältnis	9,4:1
Leistung in PS (kW)	483 (355)
bei Umdrehungen (min)	5700
Literleistung in PS	134,07
max. Drehmoment (Nm)	640
bei Umdrehungen (min)	3500
Batteriekapazität (Ah)	60
Lichtmaschinenleistung (W)	1680
Kraftübertragung	
Antriebsart	Heckantrieb
Schaltgetriebe	Sechsgang
Automatikgetriebe	-
Fahrwerk	
Vorderachse	McPherson-Bauart (Porsche-optimiert), Federbein-Achse mit einzeln an Querstreben, Längslenkern und Federbeinen aufgehängten Rädern, geteilte untere Dreieckslenker mit Sturzverstellmöglichkeit über Distanzplatten, Stützlager umstellbar für Sturzbereich Straßenreifen/Rennreifen und Feinabstimmung, zylindrische Federn mit innenliegendem Stoßdämpfer, Einrohr-Gasdruckdämpfer
Hinterachse	Mehrlenker-Achse mit starr aufgehängten Seitenteilen, einzeln an fünf Lenkern geführte Räder, Federbeine mit konzentrischen zylindrischen Schraubenfedern und Einrohr-Gasdruckdämpfer
Bremssystem	Zweikreis Porsche Ceramic Composite Brake, ABS, 6-Kolben-Alu-Monobloc an Vorderachse, 4-Kolben-Alu-Monobloc an Hinterachse
Räder/Reifen Vorderachse	8.5J x 18 mit 235/40 R 18
Räder/Reifen Hinterachse	12J x 18 mit 315/30 ZR 18
Abmessungen	
L x B x H in mm	4450 x 1830 x 1275
Radstand in mm	2355
Spur vorne/hinten in mm	1495 / 1520
Leer- und Gesamtgewicht in kg	1420 / 1730
Kofferraumvolumen (Liter)	110
Tankinhalt in Litern	89
Fahrleistungen	
Vmax (km/h)	319
Beschleunigung 0-100 km/h (s)	4
Beschleunigung 0-200 km/h (s)	12,5

Typ	**911 GT2**
Baureihe (interne Bezeichnung)	996
Karosserietyp	Coupé
Verbrauch l/100 km (Drittelmix)	13,7
Sonstiges	
Bauzeit	09/2003 - 09/2006
Stückzahlen	k. A.

GT2 (unten) und GT3 bildeten jeweils die sportliche Speerspitze der Turbo- beziehungsweise Sauger-Modelle.

Kapitel 6

997: Klassik und Moderne

2004-2011

Im Juli 2004 ist es so weit: Porsche präsentiert mit den Typen 911 Carrera und 911 Carrera S eine weitere Elfer-Generation, die intern als Typenreihe 997 bezeichnet wird. Die ovalen Klarglas-Frontscheinwerfer mit den Zusatzleuchten im Bugteil knüpfen wieder an das traditionelle 911-Design an und stoßen auf einhellige Begeisterung.

Doch nicht nur das Design, auch die Fahrleistungen überzeugen: Der 3,6-Liter-Boxermotor des Carrera leistet 325 PS, der neu entwickelte 3,8-Liter des Carrera S sogar 355 PS. Erheblich überarbeitet wird auch das Fahrwerk, das im Carrera S serienmäßig mit Porsche Active Suspension Management ausgeliefert wird.

Wieder geht es Schlag auf Schlag: Im Frühjahr 2005 folgen Cabrio sowie Carrera 4 und Carrera 4S mit komplett neu konstruiertem Allradantrieb. Ein Jahr später steht der GT3 auf dem Genfer Salon – mit 415 PS aus 3,6 Litern Hubraum. Im Herbst 2006 stellt Porsche einen 911 Turbo vor, der als erstes

Mit dieser Front freundeten 911-Fans sich schnell an: Der 997 zitierte klassische Linien, ohne „retro" zu sein.

Das Cabriolet erschien nur wenige Monate nach Einführung der 997-Baureihe.

Serienautomobil mit Benzinmotor über einen Turbolader mit variabler Turbinengeometrie verfügt. 480 PS stehen nur 1583 Kilogramm Leergewicht gegenüber. In 3,7 Sekunden erreicht der 911 Turbo die 100-km/h-Marke. Und wieder gibt es einen GT2: Ab Sommer 2007 dürfen Enthusiasten von 530 PS, Keramik-Bremsen und einem von Walter Röhrl optimierten Set-Up träumen, das den GT2 in 7:32 Minuten um die Nordschleife treibt.

Nach der Modellpflege im Herbst 2008 wird der 997 dank Benzin-Direkteinspritzung nochmals effizienter. Mit dem Porsche Doppelkupplungsgetriebe (PDK) hält eine Technologie in die Serienfertigung Einzug, die Porsche 20 Jahre zuvor im Rennsport entwickelt hatte. Das neue Siebengang-Getriebe schaltet automatisch schneller, als dies ein Fahrer manuell tun kann – ohne Zugkraftunterbrechung.

Die unterschiedlichen Ausrichtungen charakterisieren zwei Modelle: Das eine Extrem ist der kompromisslos sportliche 911 GT3 RS 4.0, der die Leistung des GT3 nochmals steigert und mit 500 PS bei 7900/min einen absoluten Bestwert für Saugmotoren setzt. 85 Prozent seiner Besitzer sind regelmäßig auf einer Rennstrecke unterwegs.

Sein Gegenstück ist der Turbo S, der ab Mai 2010 stolze 530 PS und 700 Nm Drehmoment offeriert und damit schier endlose Kraft mit großer Gelassenheit und Komfort kombiniert. Krönung aber ist der GT2 RS, der ab August 2010 die PS-Latte auf 620 erhöht. Die eigene Geschichte zitiert der 911 Sport Classic, der in einer Sonderserie von 250 Exemplaren 2009 erstmals wieder den „Entenbürzel" trägt und an den legendären Carrera RS erinnert.

Die Vielfalt der 997-Baureihe ist fast unüberschaubar. Nie zuvor wurde bei einem Elfer der Individualität der Fahrer in diesem Maße Rechnung getragen. Carrera, Targa, Cabriolet, Heck- und Allradantrieb, Turbo, Speedster, GTS, Sondermodelle und Straßenversionen von GT-Rennfahrzeugen – die Elfer-Familie umfasst am Ende 24 Modellvarianten.

Auch der Turbo profitierte von der Rückbesinnung auf klassische 911-Designmerkmale – und präsentierte sich bulliger als je zuvor.

Dieser 997 als „echter Targa" mit herausnehmbarem Dach entstand bei der Firma GTN auf Basis eines Porsche 911 Cabrio. Die Dachteile ließen sich problemlos im Kofferraum verstauen. Zu der geplanten Kleinserie kam es allerdings nicht.

Für den 911 GT3 RS von 2009 hatten die Porsche-Techniker nicht einfach den Motor des GT3 übernommen, sondern diesem noch eine Leistungsspritze auf 450 PS verpasst.

Mit 500 PS der stärkste Saugmotor-Porsche aller Zeiten: 911 GT3 RS 4.0 in limitierter Kleinserie.

Typ	911 Carrera		911 Carrera S	
Baureihe (interne Bezeichnung)	997			
Karosserietyp	Coupé	Cabriolet	Coupé	Cabriolet
Karosserieeigenschaften	Selbsttragende Karosserie, beidseitig verzinkter Leichtbau-Ganzstahl-Aufbau, Fullsize-, Seiten- und Kopf-Airbag für Fahrer und Beifahrer, Anzahl der Sitzplätze 2+2			
Motor				
Prinzip	Sechszylinder-Aluminium-Boxermotor wassergekühlt, Motorblock und Zylinderköpfe aus Aluminium, 4 obenliegende Nockenwellen, 4 Ventile pro Zylinder, Steuerzeitenverstellung der Einlassnockenwelle und Ventilhub-Umschaltsystem (VarioCam Plus), hydraulischer Ventilspielausgleich, Schaltsaugrohr, integrierte Trockensumpfschmierung, zweistufiger Kaskadenkatalysator, 2 Lambda-Sonden mit Stereoregelung, Motoröl 10,3 Liter, Kühlmittel 31 Liter, Motorsteuerung DME (Digitale-Motor-Elektronik) für Zündung, Einspritzung und Nockenwellenverstellung, elektronische Zündung mit ruhender Zündverteilung (6 Zündspulen), sequenzielle Multipoint-Einspritzung			
Hubraum (cm³)	3596		3824	
Bohrung und Hub (mm)	96 x 82,8		99 x 82,8	
Verdichtungsverhältnis	11,3:1		11,8:1	
Leistung in PS (kW)	325 (239)		355 (261)	
bei Umdrehungen (min)	6800		6600	
Literleistung in PS	90		93	
max. Drehmoment (Nm)	370		400	
bei Umdrehungen (min)	4250		4600	
Batteriekapazität (Ah)	70			
Lichtmaschinenleistung (W)	2100			
Kraftübertragung				
Antriebsart	Heckantrieb			
Getriebeart	Manuell, Sechsgang (Tiptronic S: Fünfgang)			
Fahrwerk				
Vorderachse	Federbein-Achse (Porsche-optimiert) mit radführendem Federbein und einzeln an Querlenkern und Längslenkern aufgehängten Rädern, zylindrische Federn mit innenliegendem Stoßdämpfer, Zweirohr-Gasdruckdämpfer (bei Carrera S und Carrera 4S aktiv geregelt)			
Hinterachse	Mehrlenker-Achse, einzeln an 5 Lenkern geführte Räder, zylindrische Schraubenfeder je Rad mit koaxialem innenliegendem Stoßdämpfer, Einrohr-Gasdruckdämpfer (bei Carrera S und Carrera 4S aktiv geregelt)			
Bremssystem	Zweikreis-Bremsanlage mit achsweiser Aufteilung, 4-Kolben-Alu-Monobloc-Bremssättel, gelochte, innenbelüftete Bremsscheiben an der Vorderachse mit Durchmesser x Breite: 318 x 28 mm (Carrera) bzw. 330 x 34 mm (Carrera S und Carrera 4S) und an Hinterachse mit Durchmesser x Breite: 299 x 24 mm (Carrera) bzw. 330 x 28 mm (Carrera S und Carrera 4S), PSM 8.0, Vakuum-Bremskraftverstärker			
Räder/Reifen Vorderachse	8J x 18 mit 234/40 ZR 18		8J x 19 mit 235/35 ZR 19	
Räder/Reifen Hinterachse	10J x 18 mit 265/40 ZR 18		11J x 19 mit 295/30 ZR 19	
Abmessungen				
L x B x H in mm	4427 x 1808 x 1310		4427 x 1808 x 1300	
Radstand in mm	2350			
Spur vorne/hinten in mm	1486 / 1529		1486 / 1511	
Leer- und Gesamtgewicht in kg	1395 / 1810 (1435 / 1850)	1480 / 1875 (1520 / 1915)	1420 / 1820 (1460 / 1860)	1505 / 1885 (1545 / 1925)
Kofferraumvolumen (Liter)	135			
Tankinhalt in Litern	64			

911 Carrera 4			911 Carrera 4S		
997					
Coupé	Cabriolet	Targa	Coupé	Cabriolet	Targa
Selbsttragende Karosserie, beidseitig verzinkter Leichtbau-Ganzstahl-Aufbau, Fullsize-, Seiten- und Kopf-Airbag für Fahrer und Beifahrer, Anzahl der Sitzplätze 2+2					
Sechszylinder-Aluminium-Boxermotor wassergekühlt, Motorblock und Zylinderköpfe aus Aluminium, 4 obenliegende Nockenwellen, 4 Ventile pro Zylinder, Steuerzeitenverstellung der Einlassnockenwelle und Ventilhub-Umschaltsystem (VarioCam Plus), hydraulischer Ventilspielausgleich, Schaltsaugrohr, integrierte Trockensumpfschmierung, zweistufiger Kaskadenkatalysator, 2 Lambda-Sonden mit Stereoregelung, Motoröl 10,3 Liter, Kühlmittel 31 Liter, Motorsteuerung DME (Digitale-Motor-Elektronik) für Zündung, Einspritzung und Nockenwellenverstellung, elektronische Zündung mit ruhender Zündverteilung (6 Zündspulen), sequenzielle Multipoint-Einspritzung					
3596			3824		
96 x 82,8			99 x 82,8		
11,3:1			11,8:1		
325 (239)			355 (261)		
6800			6600		
90			93		
370			400		
4250			4600		
70					
2100					
Allradantrieb					
Manuell, Sechsgang (Tiptronic S: Fünfgang)					
Federbein-Achse (Porsche-optimiert) mit radführendem Federbein und einzeln an Querlenkern und Längslenkern aufgehängten Rädern, zylindrische Federn mit innenliegendem Stoßdämpfer, Zweirohr-Gasdruckdämpfer (bei Carrera S und Carrera 4S aktiv geregelt)					
Mehrlenker-Achse, einzeln an 5 Lenkern geführte Räder, zylindrische Schraubenfeder je Rad mit koaxialem innenliegendem Stoßdämpfer, Einrohr-Gasdruckdämpfer (bei Carrera S und Carrera 4S aktiv geregelt)					
Zweikreis-Bremsanlage mit achsweiser Aufteilung, 4-Kolben-Alu-Monobloc-Bremssättel, gelochte, innenbelüftete Bremsscheiben an der Vorderachse mit Durchmesser x Breite: 318 x 28 mm (Carrera) bzw. 330 x 34 mm (Carrera S und Carrera 4S) und an Hinterachse mit Durchmesser x Breite: 299 x 24 mm (Carrera) bzw. 330 x 28 mm (Carrera S und Carrera 4S), PSM 8.0, Vakuum-Bremskraftverstärker					
8J x 18 mit 235/40 ZR 18			8J x 19 mit 235/35 ZR 19		
11J x 18 mit 295/35 ZR 18			11J x 19 mit 305/30 ZR 19		
4427 x 1852 x 1310			4427 x 1852 x 1300		
2350					
1488 / 1548					
1450 / 1865 (1490 / 1910)	1535 / 1920 (1575 / 1965)	1510 / 1900 (1550 / 1945)	1475 / 1875 (1515 / 1920)	1560 / 1930 (1600 / 1975)	1535 / 1915 (1575 / 1960)
105					
67					

Typ	911 Carrera		911 Carrera S	
Baureihe (interne Bezeichnung)	997			
Karosserietyp	Coupé	Cabriolet	Coupé	Cabriolet
Fahrleistungen				
Vmax (km/h)	285		293	
Beschleunigung 0-100 km/h (s)	5,0	5,2	4,8	4,9
Beschleunigung 0-200 km/h (s)	17,5	18,3	16,5	17,1
Verbrauch l/100 km (Drittelmix)	11,0	11,2 (11,4)	11,5	11,6 (11,7)
Sonstiges				
Bauzeit	08/2004 - 07/2008			
Stückzahlen (gesamte Baureihe)				
Modelljahr 2005				
Modelljahr 2006				
Modelljahr 2007				
Modelljahr 2008				
Modelljahr 2009				
Modelljahr 2010				
Modelljahr 2011				

(Werte für Tiptronic S in Klammern)

Der 911 Sport Classic trug als erster Elfer seit dem legendären 911 Carrera RS von 1973 wieder den charakteristischen Entenbürzel und war auf 250 Exemplare limitiert.

911 Carrera 4			911 Carrera 4S		
997					
Coupé	Cabriolet	Targa	Coupé	Cabriolet	Targa
280 (275)			288 (280)		
5,1 (5,6)	5,3 (5,8)	5,3 (5,8)	4,8 (5,3)	4,9 (5,4)	4,9 (5,4)
18,2 (21,1)	19,0 (22,0)	19,0 (22,0)	17,0 (19,4)	17,6 (20,1)	17,6 (20,1)
11,3 (11,6)			11,8 (11,9)		
05/2005 - 07/2008					
28.608					
36.504					
38.922					
34.270					
27.767					
27.297					
21.724					

Der Glasdach-Targa war ausschließlich auf Basis des Carrera 4S – also mit Allradantrieb – lieferbar.

Typ	911 Turbo	
Baureihe (interne Bezeichnung)	997	
Karosserietyp	Coupé	Cabriolet
Karosserieeigenschaften	selbsttragend, beidseitig verzinkter Leichtbau-Ganzstahl-Aufbau, Türen und Kofferraumdeckel aus Aluminium, Fullsize-, Seiten- und Kopf-Airbags für Fahrer und Beifahrer, Anzahl der Sitzplätze: 2+2	
Motor		
Prinzip	Sechszylinder-Aluminium-Boxermotor wassergekühlt, Zylindergehäuse und Zylinderköpfe aus Aluminium, 4 obenliegende Nockenwellen, 4 Ventile pro Zylinder, Steuerzeitenverstellung der Einlassnockenwelle und Ventilhub-Umschaltsystem (VarioCam Plus), hydraulischer Ventilspielausgleich, 2 Abgas-Turbolader mit variabler Turbinengeometrie, 2 Ladeluftkühler, Trockensumpfschmierung, Dreiwege-Katalysator, Stereo-Lambda-Regelung, Motoröl 11 Liter, Kühlmittel 25 Liter, Motorsteuerung DME (Digitale-Motor-Elektronik) für Zündung, Einspritzung und Nockenwellenverstellung, elektronische Zündung mit ruhender Zündverteilung (6 Zündspulen), 2 Heißfilm-Luftmassenmesser, sequenzielle Multipoint-Einspritzung	
Hubraum (cm^3)	3600	
Bohrung und Hub (mm)	100 x 76,4	
Verdichtungsverhältnis	9,0:1	
Leistung in PS (kW)	480 (353)	
bei Umdrehungen (min)	6000	
Literleistung in PS	133	
max. Drehmoment (Nm)	620 (680 mit Overboost)	
bei Umdrehungen (min)	1950	
Batteriekapazität (Ah)	70	
Lichtmaschinenleistung (W)	2100	
Kraftübertragung		
Antriebsart	Allradantrieb	
Schaltgetriebe	Sechsgang	
Automatikgetriebe	Fünfgang	
Fahrwerk		
Vorderachse	Federbein-Achse (Porsche-optimiert) mit radführendem Federbein und einzeln an Querlenkern und Längslenkern aufgehängten Rädern, Kegelstumpffedern mit innenliegenden Stoßdämpfern, geregelte Zweirohr-Gasdruckdämpfer (PASM)	
Hinterachse	Mehrlenker-Achse, einzeln an 5 Lenkern geführte Räder, zylindrische Schraubenfedern mit koaxialen innenliegenden Stoßdämpfern, geregelte Einrohr-Gasdruckdämpfer (PASM)	
Bremssystem	Zweikreis-Bremsanlage mit achsweiser Aufteilung, vorn 6-Kolben-Alu-Monobloc-Bremssättel, gelochte, innenbelüftete Bremsscheiben mit Durchmesser x Breite: 350 x 34 mm, hinten 4-Kolben-Alu-Monobloc-Bremssättel, gelochte, innenbelüftete Bremsscheiben mit Durchmesser x Breite: 350 x 28 mm, PSM 8.0, Vakuum-Tandem-Bremskraftverstärker	
Räder/Reifen Vorderachse	8,5J x 19 mit 235/35 ZR 19	
Räder/Reifen Hinterachse	11J x 19 mit 305/30 ZR 19	
Abmessungen		
L x B x H in mm	4450 x 1852 x 1300	
Radstand in mm	2350	
Spur vorne/hinten in mm	1490 / 1548	
Leer- und Gesamtgewicht in kg	1585 / 1950 (1620 / 1980)	1655 / 2000 (1690 / 2035)
Kofferraumvolumen (Liter)	105	
Tankinhalt in Litern	67	

Typ	911 Turbo	
Baureihe (interne Bezeichnung)	997	
Karosserietyp	Coupé	Cabriolet
Fahrleistungen		
Vmax (km/h)	310	
Beschleunigung 0-100 km/h (s)	3,9 (3,7)	4,0 (3,8)
Beschleunigung 0-200 km/h (s)	12,8 (12,2)	12,8 (12,6)
Verbrauch l/100 km (Drittelmix)	12,8 (13,6)	12,9 (13,7)
Sonstiges		
Bauzeit	08/2006 - 07/2008	
Stückzahlen	k. A.	k. A.

(Werte für Tiptronic S in Klammern)

September 2006: Auch für die Baureihe 997 war endlich eine Turbo-Variante lieferbar – mit 480 PS und einem Leistungsgewicht von nur 3,3 kg/PS.

Typ	911 GT 3
Baureihe (interne Bezeichnung)	997
Karosserietyp	Coupé
Karosserieeigenschaften	selbsttragend, beidseitig verzinkter Leichtbau-Ganzstahl-Aufbau, Fullsize-, Seiten- und Kopf-Airbag für Fahrer und Beifahrer, 2 Sitzplätze
Motor	
Prinzip	Sechszylinder-Aluminium-Boxermotor wassergekühlt, Motorblock und Zylinderköpfe aus Aluminium, 4 obenliegende Nockenwellen, 4 Ventile pro Zylinder, variable Steuerzeiten (VarioCam), hydraulischer Ventilspielausgleich, Schaltsaugrohr mit 2 Resonanzklappen, Trockensumpfschmierung mit separatem Öltank, 2 Katalysatoren, 2 Lambda-Sonden mit Stereoregelung, Motorsteuerung DME (Digitale-Motor-Elektronik) für Zündung, Einspritzung und Nockenwellenverstellung, elektronische Zündung mit ruhender Zündverteilung (6 Zündspulen), sequenzielle Multipoint-Einspritzung
Hubraum (cm^3)	3600
Bohrung und Hub (mm)	100 x 76,4
Verdichtungsverhältnis	12,0:1
Leistung in PS (kW)	415 (305)
bei Umdrehungen (min)	7600
Literleistung in PS	115
max. Drehmoment (Nm)	405
bei Umdrehungen (min)	5500
Batteriekapazität (Ah)	60
Lichtmaschinenleistung (W)	2100
Kraftübertragung	
Antriebsart	Heckantrieb
Schaltgetriebe	Sechsgang
Automatikgetriebe	-
Fahrwerk	
Vorderachse	Federbein-Achse (Porsche-optimiert) mit radführendem Federbein und einzeln an Querlenkern und Längslenkern aufgehängten Rädern, geteilte Querlenker, zylindrische Federn mit innenliegendem Stoßdämpfer, aktiv geregelte Zweirohr-Gasdruckdämpfer (PASM), Kinematik-optimierter Radträger mit doppelter Klemmung für Stoßdämpfer
Hinterachse	Mehrlenker-Achse, einzeln an 5 Lenkern geführte Räder, (RS: geteilte Querlenker), zylindrische Schraubenfeder je Rad mit koaxialem innenliegendem Stoßdämpfer, aktiv geregelte Einrohr-Gasdruckdämpfer (PASM)
Bremssystem	Zweikreis-Bremsanlage mit achsweiser Aufteilung, 6-Kolben-Alu-Monobloc-Bremssättel vorn, 4-Kolben-Alu-Monobloc-Bremssättel hinten, gelochte, innenbelüftete Bremsscheiben an der Vorderachse mit Durchmesser x Breite: 350 x 34 mm und an der Hinterachse mit Durchmesser x Breite: 350 x 34 mm, Traction Control, Tandem-Bremskraftverstärker
Räder/Reifen Vorderachse	8,5J x 19 mit 235/35 ZR 19
Räder/Reifen Hinterachse	12J x 19 mit 305/30 ZR 19
Abmessungen	
L x B x H in mm	4445 x 1808 x 1280
Radstand in mm	2355
Spur vorne/hinten in mm	1497 / 1524
Leer- und Gesamtgewicht in kg	1395 / 1680
Kofferraumvolumen (Liter)	105
Tankinhalt in Litern	90
Fahrleistungen	
Vmax (km/h)	310

911 GT3 RS
997
Coupé
selbsttragend, beidseitig verzinkter Leichtbau-Ganzstahl-Aufbau, Fullsize-, Seiten- und Kopf-Airbag für Fahrer nd Beifahrer, 2 Sitzplätze
Sechszylinder-Aluminium-Boxermotor wassergekühlt, Motorblock und Zylinderköpfe aus Aluminium, 4 obenliegende Nockenwellen, 4 Ventile pro Zylinder, variable Steuerzeiten (VarioCam), hydraulischer Ventilspielausgleich, Schaltsaugrohr mit 2 Resonanzklappen, Trockensumpfschmierung mit separatem Öltank, 2 Katalysatoren, 2 Lambda-Sonden mit Stereoregelung, Motorsteuerung DME (Digitale-Motor-Elektronik) für Zündung, Einspritzung und Nockenwellenverstellung, elektronische Zündung mit ruhender Zündverteilung (6 Zündspulen), sequenzielle Multipoint-Einspritzung
3600
100 x 76,4
12,0:1
415 (305)
7600
115
405
5500
60
2100
Heckantrieb
Sechsgang
-
Federbein-Achse (Porsche-optimiert) mit radführendem Federbein und einzeln an Querlenkern und Längslenkern aufgehängten Rädern, geteilte Querlenker, zylindrische Federn mit innenliegendem Stoßdämpfer, aktiv geregelte Zweirohr-Gasdruckdämpfer (PASM), Kinematik-optimierter Radträger mit doppelter Klemmung für Stoßdämpfer
Mehrlenker-Achse, einzeln an 5 Lenkern geführte Räder, (RS: geteilte Querlenker), zylindrische Schraubenfeder je Rad mit koaxialem innenliegendem Stoßdämpfer, aktiv geregelte Einrohr-Gasdruckdämpfer (PASM)
Zweikreis-Bremsanlage mit achsweiser Aufteilung, 6-Kolben-Alu-Monobloc-Bremssättel vorn, 4-Kolben-Alu-Monobloc-Bremssättel hinten, gelochte, innenbelüftete Bremsscheiben an der Vorderachse mit Durchmesser x Breite: 350 x 34 mm und an der Hinterachse mit Durchmesser x Breite: 350 x 34 mm, Traction Control, Tandem-Bremskraftverstärker
4460 x 1852 x 1280
2360
1497 / 1558
1375 /1680
105
90
310

Typ	911 GT 3
Baureihe (interne Bezeichnung)	997
Karosserietyp	Coupé
Beschleunigung 0-100 km/h (s)	4,3
Beschleunigung 0-160 km/h (s)	8,7
Verbrauch l/100 km (Drittelmix)	12,8
Sonstiges	
Bauzeit	08/2006 - 07/2008
Stückzahlen	k. A.

Der Porsche 911 GT3 in erster Auflage innerhalb der Baureihe 997 mit 415 PS und 310 km/h Höchstgeschwindigkeit

911 GT3 RS
997
Coupé
4,2
8,5
12,8
01/2007 - 07/2008
k. A.

Die erste Auflage des Porsche 911 GT3 RS musste sich den Motor noch mit dem GT3 teilen.

Typ	911 GT2
Baureihe (interne Bezeichnung)	997
Karosserietyp	Coupé
Karosserieeigenschaften	selbsttragend, beidseitig verzinkter Leichtbau-Ganzstahl-Aufbau, Fullsize-, Seiten- und Kopf-Airbag für Fahrer und Beifahrer, Anzahl der Sitzplätze: 2
Motor	
Prinzip	Sechszylinder-Aluminium-Boxermotor wassergekühlt, Motorblock und Zylinderköpfe aus Aluminium, 4 obenliegende Nockenwellen, 4 Ventile pro Zylinder, variable Steuerzeiten (VarioCam Plus), hydraulischer Ventilspielausgleich, zwei Abgas-Turbolader mit variabler Turbinengeometrie, zwei Ladeluftkühler, Trockensumpfschmierung, Dreiwege-Katalysator, Stereo-Lambda-Regelung, Motoröl: 11 Liter, Kühlmittel: 25 Liter, Motorsteuerung DME (Digitale-Motor-Elektronik) für Zündung, Einspritzung und Nockenwellenverstellung, elektronische Zündung mit ruhender Zündverteilung (6 Zündspulen), sequenzielle Multipoint-Einspritzung
Hubraum (cm^3)	3600
Bohrung und Hub (mm)	100 x 76,4
Verdichtungsverhältnis	9,0:1
Leistung in PS (kW)	530 (390)
bei Umdrehungen (min)	6500
Literleistung in PS	147
max. Drehmoment (Nm)	680
bei Umdrehungen (min)	2200
Batteriekapazität (Ah)	70
Lichtmaschinenleistung (W)	2100
Kraftübertragung	
Antriebsart	Heckantrieb
Schaltgetriebe	Sechsgang
Automatikgetriebe	-
Fahrwerk	
Vorderachse	McPherson-Bauart (Porsche-optimiert), Federbein-Achse mit einzeln an Querstreben, Längslenkern und Federbeinen aufgehängten Rädern, zylindrische Federn mit innenliegenden Stoßdämpfern, geregelte Einrohr-Gasdruckdämpfer (PASM)
Hinterachse	Mehrlenker-Achse, einzeln an fünf Lenkern geführte Räder, zylindrische Schraubenfeder je Rad mit koaxialem innenliegendem Stoßdämpfer, geregelte Einrohr-Gasdruckdämpfer (PASM).
Bremssystem	Zweikreis-Bremsanlage mit achsweiser Aufteilung, vorn 6-Kolben-Alu-Monobloc-Bremssättel, gelochte, innenbelüftete Bremsscheiben aus Keramik mit Durchmesser x Breite: 380 x 34 mm, hinten 4-Kolben-Alu-Monobloc-Bremssättel, gelochte, innenbelüftete Bremsscheiben aus Keramik mit Durchmesser x Breite: 350 x 28 mm, Vakuum-Tandem-Bremskraftverstärker, PSM
Räder/Reifen Vorderachse	8,5J x 19 mit 235/35 ZR 19
Räder/Reifen Hinterachse	12J x 19 mit 325/30 ZR 19
Abmessungen	
L x B x H in mm	4469 x 1852 x 1285
Radstand in mm	2350
Spur vorne/hinten in mm	1515 / 1550
Leer- und Gesamtgewicht in kg	1440 / 1750
Kofferraumvolumen (Liter)	105
Tankinhalt in Litern	90
Fahrleistungen	
Vmax (km/h)	329

Typ	911 GT2
Baureihe (interne Bezeichnung)	997
Karosserietyp	Coupé
Beschleunigung 0-100 km/h (s)	3,7
Beschleunigung 0-200 km/h (s)	11,2
Verbrauch l/100 km (Drittelmix)	12,5
Sonstiges	
Bauzeit	08/2007 - 07/2008
Stückzahlen	k. A.

Setzte im Herbst 2007 mit 530 PS eine neue Bestmarke: Porsche 911 GT2.

Typ	911 Carrera	
Baureihe (interne Bezeichnung)	997	
Karosserietyp	Coupé	Cabriolet
Motor		
Prinzip	Sechszylinder-Aluminium-Boxermotor wassergekühlt, Motorblock und Zylinderköpfe aus Aluminium, Benzin-Direkteinspritzung (DFI), 4 obenliegende Nockenwellen, 4 Ventile pro Zylinder, variable Steuerzeiten (VarioCam Plus), hydraulischer Ventilspielausgleich, integrierte Trockensumpfschmierung mit bedarfsgeregelter Ölpumpe, Motoröl 10 Liter, Kühlmittel 28,9 - 31,5 Liter, zweiflutige Abgasanlage mit motornaher Vor- und Hauptkatalysator-Anordnung, Lambda-Regelung mit 2 Vor- und 2 Nachkatalysatorsonden, digitale Motorelektronik SDI 3.1, sequenzielle Ansteuerung der Hochdruck-Injektoren, 3-Kolben-Axial-Hochdruckpumpe mit elektrischem Mengenregelventil	
Hubraum (cm^3)	3614	
Bohrung und Hub (mm)	97 x 81,5	
Verdichtungsverhältnis	12,5:1	
Leistung in PS (kW)	345 (254)	
bei Umdrehungen (min)	6500	
Literleistung in PS	95	
max. Drehmoment (Nm)	390	
bei Umdrehungen (min)	4400	
Batteriekapazität (Ah)	70	
Lichtmaschinenleistung (W)	2100	
Kraftübertragung		
Antriebsart	Heckantrieb	
Getriebe	Manuell, Sechsgang (PDK-Getriebe: Siebengang)	
Fahrwerk		
Vorderachse	McPherson-Bauart (Porsche-optimiert), Federbeinachse mit einzeln an Querlenkern, Längslenkern und Federbeinen aufgehängten Rädern, Kegelstumpffedern mit innenliegendem Stoßdämpfer, Zweirohr-Gasdruckdämpfer (bei Carrera S und Carrera 4S aktiv geregelt)	
Hinterachse	Mehrlenker-Achse, einzeln an fünf Lenkern geführte Räder, zylindrische Schraubenfedern je Rad mit koaxialem, innenliegendem Stoßdämpfer, Einrohr-Gasdruckdämpfer (bei Carrera S und Carrera 4S aktiv geregelt)	
Bremssystem	Zweikreis-Bremsanlage mit achsweiser Aufteilung, 4-Kolben-Alu-Monobloc-Bremssättel, gelochte, innenbelüftete Bremsscheiben an der Vorderachse mit Durchmesser x Breite: 330 x 28 mm (Carrera) oder 330 x 34 mm (Carrera S) und an der Hinterachse mit Durchmesser x Breite: 330 x 28 mm, PSM 8.0, Vakuum-Bremskraftverstärker	
Räder/Reifen Vorderachse	8J x 18 mit 235/40 ZR 18	
Räder/Reifen Hinterachse	10,5J x 18 mit 265/40 ZR 18	
Abmessungen		
L x B x H in mm	4435 x 1808 x 1310	
Radstand in mm	2350	
Spur vorne/hinten in mm	1486 / 1530	
Leer- und Gesamtgewicht in kg	1415 / 1820 (1445 / 1850)	1500 / 1880 (1530 / 1910)
Kofferraumvolumen (Liter)	135	
Tankinhalt in Litern	64	
Fahrleistungen		
Vmax (km/h)	289 (287)	
Beschleunigung 0-100 km/h (s)	4,9 (4,7)	5,1 (4,9)
Beschleunigung 0-200 km/h (s)	16,6 (16,3)	17,5 (17,2)

911 Carrera S		911 Carrera 4		911 Carrera 4S	
997					
Coupé	Cabriolet	Coupé	Cabriolet	Coupé	Cabriolet
Sechszylinder-Aluminium-Boxermotor wassergekühlt, Motorblock und Zylinderköpfe aus Aluminium, Benzin-Direkteinspritzung (DFI), 4 obenliegende Nockenwellen, 4 Ventile pro Zylinder, variable Steuerzeiten (VarioCam Plus), hydraulischer Ventilspielausgleich, integrierte Trockensumpfschmierung mit bedarfsgeregelter Ölpumpe, Motoröl 10 Liter, Kühlmittel 28,9 - 31,5 Liter, zweiflutige Abgasanlage mit motornaher Vor- und Hauptkatalysator-Anordnung, Lambda-Regelung mit 2 Vor- und 2 Nachkatalysatorsonden, digitale Motorelektronik SDI 3.1, sequenzielle Ansteuerung der Hochdruck-Injektoren, 3-Kolben-Axial-Hochdruckpumpe mit elektrischem Mengenregelventil					
3800		3614		3800	
102 x 77,5		97 x 81,5		102 x 77,5	
12,5:1					
385 (283)		345 (254)		385 (283)	
6500					
101		95		101	
420		390		420	
4400					
70					
2100					
Heckantrieb		Allradantrieb			
Manuell, Sechsgang (PDK-Getriebe: Siebengang)					
McPherson-Bauart (Porsche-optimiert), Federbeinachse mit einzeln an Querlenkern, Längslenkern und Federbeinen aufgehängten Rädern, Kegelstumpffedern mit innenliegendem Stoßdämpfer, Zweirohr-Gasdruckdämpfer (bei Carrera S und Carrera 4S aktiv geregelt)					
Mehrlenker-Achse, einzeln an fünf Lenkern geführte Räder, zylindrische Schraubenfedern je Rad mit koaxialem, innenliegendem Stoßdämpfer, Einrohr-Gasdruckdämpfer (bei Carrera S und Carrera 4S aktiv geregelt)					
Zweikreis-Bremsanlage mit achsweiser Aufteilung, 4-Kolben-Alu-Monobloc-Bremssättel, gelochte, innenbelüftete Bremsscheiben an der Vorderachse mit Durchmesser x Breite: 330 x 28 mm (Carrera) oder 330 x 34 mm (Carrera S) und an der Hinterachse mit Durchmesser x Breite: 330 x 28 mm, PSM 8.0, Vakuum-Bremskraftverstärker					
8J x 19 mit 235/35 ZR 19		8J x 18 mit 235/40 ZR 18		8J x 19 mit 235/35 ZR 19	
11J x 19 mit 295/30 ZR 19		11J x 18 mit 295/35 ZR 18		11J x 19 mit 305/30 ZR 19	
4435 x 1808 x1300		4435 x 1852 x 1310		4435 x 1852 x 1300	
2350					
1486 / 1516		1488 / 1548			
1425 / 1830 (1455 / 1860)	1510 / 1890 (1540 / 1920)	1470 / 1870 (1500 / 1900)	1555 / 1930 (1585 / 1960)	1480 / 1880 (1510 / 1910)	1565 / 1940 (1595 / 1970)
135		105			
64		67			
302 (300)		284 (282)		297 (295)	
4,7 (4,5)	4,9 (4,7)	5,0 (4,8)	5,2 (5,0)	4,7 (4,5)	4,9 (4,7)
15,2 (14,8)	16,1 (15,7)	17,3 (17,0)	18,2 (17,9)	15,7 (15,3)	16,6 (16,2)

Typ	911 Carrera	
Baureihe (interne Bezeichnung)	997	
Karosserietyp	Coupé	Cabriolet
Verbrauch l/100 km (Drittelmix)	10,3 (9,8)	10,4 (9,9)
Sonstiges		
Bauzeit		
Stückzahlen	k. A.	k. A.

(Werte für PDK-Siebengang-Getriebe in Klammern)

Gutes noch besser machen: Das Facelift von 2008 brachte neue Motoren und eine dezent veränderte Optik.

911 Carrera S		911 Carrera 4		911 Carrera 4S	
997					
Coupé	Cabriolet	Coupé	Cabriolet	Coupé	Cabriolet
10,6 (10,2)	10,8 (10,3)	10,6 (10,1)	10,8 (10,3)	11,0 (10,5)	11,2 (10,7)
08/2008 - 07/2011					
k. A.	k. A.	k. A.	k. A.	k. A.	k. A.

Vor allem an den Rückleuchten, die erstmals mit LED-Lichttechnik ausgerüstet wurden, sind die Facelift-Modelle der Baureihe 997 erkennbar.

Typ	911 Turbo	
Baureihe (interne Bezeichnung)	997	
Karosserietyp	Coupé	Cabriolet
Motor		
Prinzip	Wassergekühlter Sechszylinder-Boxermotor, Motorblock und Zylinderköpfe aus Aluminium, vier obenliegende Nockenwellen, vier Ventile pro Zylinder, einlassseitig variable Steuerzeiten und Ventilhubumschaltung (VarioCam Plus), hydraulischer Ventilspielausgleich, Bi-Turbo-Aufladung, Lader mit variabler Turbinen-Geometrie (VTG), Benzindirekteinspritzung, je zwei Dreiwege-Katalysatoren pro Zylinderreihe mit je zwei Lambdasonden, Motoröl 10,4 Liter, elektronische Zündung mit ruhender Zündverteilung (sechs Zündspulen).	
Hubraum (cm³)	3800	
Bohrung und Hub (mm)	102 x 77,5	
Verdichtungsverhältnis	9,8:1	
Leistung in PS (kW)	500 (368)	
bei Umdrehungen (min)	6000	
Literleistung in PS	131,6	
max. Drehmoment (Nm)	650	
bei Umdrehungen (min)	1950	
Batteriekapazität (Ah)	70	
Lichtmaschinenleistung (W)	2100	
Kraftübertragung		
Antriebsart	Allradantrieb	
Getriebe	Manuell Sechsgang (PDK Siebengang optional)	
Fahrwerk		
Vorderachse	McPherson-Bauart (Porsche-optimiert), Federbein-Achse mit einzeln an Querstreben, Längslenkern und Federbeinen aufgehängten Rädern, Kegelstumpffeder mit innenliegenden Schwingungsdämpfern	
Hinterachse	Mehrlenker-Achse, einzeln an fünf Lenkern geführte Räder, zylindrische Schraubenfeder je Rad mit koaxialen innenliegenden Schwingungsdämpfern	
Bremssystem	Zweikreis-Bremsanlage mit achsweiser Aufteilung, Sechs-Kolben-Alu-Monobloc-Bremssättel an der Vorderachse, gelochte und innenbelüftete Bremsscheiben mit 350 mm Durchmesser und 34 mm Dicke, Vier-Kolben-Alu-Monobloc-Bremssättel an der Hinterachse, gelochte und innenbelüftete Bremsscheiben mit 350 mm Durchmesser und 28 mm Dicke, Porsche Stability Management (PSM), Vakuum-Bremskraftverstärker Bremsassistent	
Räder/Reifen Vorderachse	8,5J x 19 mit 235/35 ZR 19	
Räder/Reifen Hinterachse	11J x 19 mit 305/30 ZR 19	
Abmessungen		
L x B x H in mm	4450 x 1852 x 1300	
Radstand in mm	2350	
Spur vorne/hinten in mm	1490 / 1548	
Leer- und Gesamtgewicht in kg	1570 / 1935 (1595 / 1960)	1645 / 2010 (1670 / 2035)
Kofferraumvolumen (Liter)	105	
Tankinhalt in Litern	67	
Fahrleistungen		
Vmax (km/h)	312	312
Beschleunigung 0-100 km/h (s)	3,7 (3,6)	3,8 (3,7)
Beschleunigung 0-200 km/h (s)	11,9 (11,6)	12,1 (11,9)
Verbrauch l/100 km (Drittelmix)	11,6 (11,4)	11,6 (11,4)

(Werte für PDK-Siebengang-Getriebe in Klammern)

911 Turbo S	
997	
Coupé	Cabriolet
Wassergekühlter Sechszylinder-Boxermotor, Motorblock und Zylinderköpfe aus Aluminium, vier obenliegende Nockenwellen, vier Ventile pro Zylinder, einlassseitig variable Steuerzeiten und Ventilhubumschaltung (VarioCam Plus), hydraulischer Ventilspielausgleich, Bi-Turbo-Aufladung, Lader mit variabler Turbinen-Geometrie (VTG), Benzindirekteinspritzung, je zwei Dreiwege-Katalysatoren pro Zylinderreihe mit je zwei Lambdasonden, Motoröl 10,4 Liter, elektronische Zündung mit ruhender Zündverteilung (sechs Zündspulen).	
3800	
102 x 77,5	
9,8:1	
530 (390)	
6250	
139,5	
700	
2100	
70	
2100	
Allradantrieb	
PDK Siebengang	
McPherson-Bauart (Porsche-optimiert), Federbein-Achse mit einzeln an Querstreben, Längslenkern und Federbeinen aufgehängten Rädern, Kegelstumpffeder mit innenliegenden Schwingungsdämpfern	
Mehrlenker-Achse, einzeln an fünf Lenkern geführte Räder, zylindrische Schraubenfeder je Rad mit koaxialen innenliegenden Schwingungsdämpfern	
Zweikreis-Bremsanlage mit achsweiser Aufteilung, Sechs-Kolben-Alu-Monobloc-Bremssättel an der Vorderachse, gelochte und innenbelüftete Keramik-Bremsscheiben (PCCB) mit 380 mm Durchmesser und 34 mm Dicke, Vier-Kolben-Alu-Monobloc-Bremssättel an der Hinterachse, gelochte und innenbelüftete Keramik-Bremsscheiben (PCCB) mit 350 mm Durchmesser und 28 mm Dicke, Porsche Stability Management (PSM), Vakuum-Bremskraft verstärker, Bremsassistent	
8,5J x 19 mit 235/35 ZR 19	
11J x 19 mit 305/30 ZR 19	
4450 x 1852 x 1300	
2350	
1490 / 1548	
1585 (1950)	1660 / 2010
105	
67	
315	315
3,3	3,4
10,8	11,3
11,4	11,5

Typ	911 Turbo	
Baureihe (interne Bezeichnung)	997	
Karosserietyp	Coupé	Cabriolet
Sonstiges		
Bauzeit	02/2010 - 07/2011	
Stückzahlen	k. A.	k. A.

Begehrtes Sammlerstück: Der Porsche 911 Sport Classic mit leistungsgesteigertem Saugmotor war auf 250 Stück limitiert. Die ersten Fahrzeuge wurden im Januar 2010 ausgeliefert.

RECHTE SEITE: Mit dem Facelift bekam der Turbo mehr Leistung: 500 PS und im Overboost bis zu 700 Nm Drehmoment stellte das von Grund auf neu konstruierte Triebwerk bereit.

911 Turbo S	
997	
Coupé	Cabriolet
08/2010 - 07/2011	
k. A.	k. A.

Typ	911 GTS
Baureihe (interne Bezeichnung)	997
Karosserietyp	Coupé
Karosserieeigenschaften	Selbsttragende, vollverzinkte Leichtbau-Stahlkarosserie, Fahrer- und Beifahrer-Airbag zweistufig, Seiten- und Kopf-Airbags für Fahrer und Beifahrer
Motor	
Prinzip	Wassergekühlter Sechszylinder-Boxermotor, Motorblock und Zylinderköpfe aus Aluminium, vier obenliegende Nockenwellen, vier Ventile pro Zylinder, einlassseitig variable Steuerzeiten und Ventilhubumschaltung (VarioCam Plus), hydraulischer Ventilspielausgleich, Benzindirekteinspritzung, je zwei Dreiwege-Katalysatoren pro Zylinderreihe mit je zwei Lambdasonden, Motoröl 10,0 Liter, elektronische Zündung mit ruhender Zündverteilung (sechs Zündspulen)
Hubraum (cm^3)	3800
Bohrung und Hub (mm)	102 x 77,5
Verdichtungsverhältnis	12,5:1
Leistung in PS (kW)	408 (300)
bei Umdrehungen (min)	7300
Literleistung in PS	107,4
max. Drehmoment (Nm)	420
bei Umdrehungen (min)	4200
Batteriekapazität (Ah)	70
Lichtmaschinenleistung (W)	2100
Kraftübertragung	
Antriebsart	Heckantrieb
Getriebe	Manuell, Sechsgang (PDK Getriebe: Siebengang)
Fahrwerk	
Vorderachse	Federbeinachse (McPherson-Bauart, Porsche-optimiert) mit einzeln an Querlenkern, Längslenkern und Federbeinen aufgehängten Rädern, Kegelstumpffedern mit innenliegenden Schwingungsdämpfern
Hinterachse	Mehrlenkerachse mit einzeln an fünf Lenkern geführten Rädern, Porsche Active Suspension Management (PASM) mit elektronisch geregelten Schwingungsdämpfern, zwei manuell anwählbare Kennfelder, zylindrische Schraubenfedern mit koaxialen innenliegenden Schwingungsdämpfern
Bremssystem	Zweikreis-Bremsanlage mit achsweiser Aufteilung; Vorderachse: Sechs-Kolben-Alu-Monobloc-Bremssättel, gelochte und innenbelüftete Bremsscheiben mit 330 mm Durchmesser und 34 mm Dicke; Hinterachse: Vier-Kolben-Alu-Monobloc-Bremssättel, gelochte und innenbelüftete Bremsscheiben mit 330 mm Durchmesser und 28 mm Dicke; Porsche Stability Management (PSM), Vakuum Bremskraftverstärker, Bremsassistent
Räder/Reifen Vorderachse	8,5J x 19 mit 235/35 ZR 19
Räder/Reifen Hinterachse	11J x 19 mit 305/30 ZR 19
Abmessungen	
L x B x H in mm	4435 x 1852 x1300
Radstand in mm	2350
Spur vorne/hinten in mm	1488 / 1548
Leer- und Gesamtgewicht in kg	1420 / 1830 (1450 / 1860)
Kofferraumvolumen (Liter)	105
Tankinhalt in Litern	67

911 GTS
997
Cabriolet
Selbsttragende, vollverzinkte Leichtbau-Stahlkarosserie, Fahrer- und Beifahrer-Airbag zweistufig, Seiten- und Kopf-Airbags für Fahrer und Beifahrer
Wassergekühlter Sechszylinder-Boxermotor, Motorblock und Zylinderköpfe aus Aluminium, vier obenliegende Nockenwellen, vier Ventile pro Zylinder, einlassseitig variable Steuerzeiten und Ventilhubumschaltung (VarioCam Plus), hydraulischer Ventilspielausgleich, Benzindirekteinspritzung, je zwei Dreiwege-Katalysatoren pro Zylinderreihe mit je zwei Lambdasonden, Motoröl 10,0 Liter, elektronische Zündung mit ruhender Zündverteilung (sechs Zündspulen)
3800
102 x 77,5
12,5:1
408 (300)
7300
107,4
420
4200
70
2100
Heckantrieb
Manuell, Sechsgang (PDK Getriebe: Siebengang)
Federbeinachse (McPherson-Bauart, Porsche-optimiert) mit einzeln an Querlenkern, Längslenkern und Federbeinen aufgehängten Rädern, Kegelstumpffedern mit innenliegenden Schwingungsdämpfern
Mehrlenkerachse mit einzeln an fünf Lenkern geführten Rädern, Porsche Active Suspension Management (PASM) mit elektronisch geregelten Schwingungsdämpfern, zwei manuell anwählbare Kennfelder, zylindrische Schraubenfedern mit koaxialen innenliegenden Schwingungsdämpfern
Zweikreis-Bremsanlage mit achsweiser Aufteilung; Vorderachse: Sechs-Kolben-Alu-Monobloc-Bremssättel, gelochte und innenbelüftete Bremsscheiben mit 330 mm Durchmesser und 34 mm Dicke; Hinterachse: Vier-Kolben-Alu-Monobloc-Bremssättel, gelochte und innenbelüftete Bremsscheiben mit 330 mm Durchmesser und 28 mm Dicke; Porsche Stability Management (PSM), Vakuum Bremskraftverstärker, Bremsassistent
8,5J x 19 mit 235/35 ZR 19
11J x 19 mit 305/30 ZR 19
4435 x 1852 x 1300
2350
1488 / 1548
1515 / 1890 (1545 / 1920)
105
67

Typ	911 GTS
Baureihe (interne Bezeichnung)	997
Karosserietyp	Coupé
Fahrleistungen	
Vmax (km/h)	306 (304)
Beschleunigung 0-100 km/h (s)	4,6 (4,4)
Beschleunigung 0-200 km/h (s)	14,8 (14,4)
Verbrauch l/100 km (Drittelmix)	10,6 (10,2)
Sonstiges	
Bauzeit	09/2010 - 07/2011
Stückzahlen	k. A.

(Werte für PDK-Siebengang-Getriebe in Klammern)

Der Porsche Carrera GTS schloss die Lücke zwischen dem Carrera S und dem Turbo.

911 GTS
997
Cabriolet
306 (304)
4,8 (4,6)
15,7 (15,3)
10,8 (10,3)
09/2010 - 07/2011
k. A.

Die 408-PS-Variante war auch für das Cabriolet verfügbar.

Typ	911 GT3
Baureihe (interne Bezeichnung)	997
Karosserietyp	Coupé
Karosserieeigenschaften	Selbsttragende, beidseitig verzinkte Leichtbau-Ganzstahl-Karosserie, Fullsize- und Seiten-Airbag für Fahrer und Beifahrer
Motor	
Prinzip	Wassergekühlter Sechszylinder-Boxermotor, Motorblock und Zylinderköpfe aus Aluminium, geschmiedete Titanpleuel, vier obenliegende Nockenwellen, vier Ventile pro Zylinder, variable Steuerzeiten (VarioCam stufenlos) auf Ein- und Auslassseite, hydraulischer Ventilspielausgleich, vierstufiges Schaltsaugrohr, Trockensumpfschmierung, zweiflutige Abgasanlage mit zwei Metallkatalysatoren und zwei Lambda-Sonden, Motoröl 12 Liter, Kühlmittel 28 Liter, Motorsteuerung DME (Digitale-Motor-Elektronik) für Zündung, Einspritzung und Nockenwellenverstellung, elektronische Zündung mit ruhender Zündverteilung (sechs Zündspulen), sequenzielle Multipoint Einspritzung
Hubraum (cm^3)	3797
Bohrung und Hub (mm)	102 x 76,4
Verdichtungsverhältnis	12,0:1
Leistung in PS (kW)	435 (320)
bei Umdrehungen (min)	7600
Literleistung in PS	114,6
max. Drehmoment (Nm)	430
bei Umdrehungen (min)	6250
Batteriekapazität (Ah)	60
Lichtmaschinenleistung (W)	2100
Kraftübertragung	
Antriebsart	Heckantrieb
Schaltgetriebe	Sechsgang
Automatikgetriebe	-
Fahrwerk	
Vorderachse	McPherson-Bauart (Porsche-optimiert), Federbein-Achse mit einzeln an Querlenkern, Längslenkern und Federbeinen aufgehängten Rädern, zylindrische Federn mit innenliegenden Stoßdämpfern, geregelte Einrohr-Gasdruckdämpfer (PASM)
Hinterachse	Mehrlenker-Achse, einzeln an fünf Lenkern geführte Räder, zylindrische Schraubenfedern mit koaxialen innenliegenden Stoßdämpfern, geregelte Einrohr-Gasdruckdämpfer (PASM)
Bremssystem	Zweikreis-Bremsanlage mit achsweiser Aufteilung; Vorderachse: Sechs-Kolben-Alu-Monobloc-Bremssättel, gelochte, innenbelüftete Bremsscheiben, Durchmesser 380 mm, Dicke 34 mm; Hinterachse: Vier-Kolben-Alu-Monobloc-Bremssättel, gelochte, innenbelüftete Bremsscheiben, Durchmesser 350 mm, Dicke 28 mm; Vakuum-Bremskraftverstärker, in Stufen abschaltbares Porsche Stability Management (PSM)
Räder/Reifen Vorderachse	9J x 19 mit 245/35 ZR 19
Räder/Reifen Hinterachse	12J x 19 mit 325/30 ZR 19

911 GT3 RS	911 GT3 RS 4.0
997	
Coupé	Coupé
Selbsttragende, vollverzinkte Leichtbau-Stahlkarosserie mit Türen und Kofferraumdeckel aus Aluminium, Kunststoffheckscheibe, Fahrer- und Beifahrer-Airbag zweistufig, Seiten- und Kopf-Airbags für Fahrer und Beifahrer	Selbsttragende, vollverzinkte Leichtbau-Stahlkarosserie mit Türen aus Aluminium, Kofferraumdeckel und Vorderkotflügel aus Carbon, hintere Seitenscheiben und Heckscheibe aus Kunststoff, Fahrer- und Beifahrer-Airbag zweistufig, Seiten- und Kopf-Airbags für Fahrer und Beifahrer
Wassergekühlter Sechszylinder-Boxermotor, Motorblock und Zylinderköpfe aus Aluminium, vier obenliegende Nockenwellen, vier Ventile pro Zylinder, ein- und auslassseitig stufenlos variable Steuerzeiten und Ventilhubumschaltung (VarioCam Plus), hydraulischer Ventilspielausgleich, vierstufiges Schaltsaugrohr, je zwei Dreiwege-Katalysatoren pro Zylinderreihe mit je zwei Lambdasonden, Trockensumpfschmierung, Motoröl 11,0 Liter, elektronische Zündung mit ruhender Zündverteilung (sechs Zündspulen)	
3997	3996
102 x 76,4	102,7 x 80,4
12,2:1	12,6:1
450 (331)	500 (368)
7900	8250
118,4	125
430	460
6750	5750
60	
2100	
Heckantrieb	
Sechsgang	
-	
Federbeinachse (McPherson-Bauart, Porsche-optimiert) mit einzeln an Schmiedequerlenkern, Längslenkern und Federbeinen aufgehängten Rädern, Kegelstumpffedern mit innenliegenden Schwingungsdämpfern, Unibal-Stützlager	Federbeinachse (McPherson-Bauart, Porsche-optimiert) mit einzeln an Schmiedequerlenkern, Längslenkern und Federbeinen aufgehängten Rädern, zylindrische Federn mit innenliegenden Schwingungsdämpfern, Unibal-Stützlager
Mehrlenkerachse mit einzeln an fünf Lenkern geführten Rädern, progressive Tonnenfedern mit koaxialen innenliegenden Schwingungsdämpfern. PASM-Sportfahrwerk mit Tieferlegung um 30 Millimeter und elektronisch geregelten Schwingungsdämpfern mit zwei manuell anwählbaren Kennfeldern, mechanische Hinterachsquersperre	Mehrlenkerachse mit einzeln an fünf Lenkern geführten Rädern, progressive Tonnenfedern mit Helperfedern und koaxialen innenliegenden Schwingungsdämpfern. PASM Sportfahrwerk mit Tieferlegung um 30 Millimeter und elektronisch geregelten Schwingungsdämpfern mit zwei manuell anwählbaren Kennfeldern, mechanische Hinterachsquersperre
Zweikreis-Bremsanlage mit achsweiser Aufteilung; Vorderachse: Sechs-Kolben-Alu-Monobloc-Bremssättel, gelochte, innenbelüftete Bremsscheiben, Durchmesser 380 mm, Dicke 34 mm; Hinterachse: Vier-Kolben-Alu-Monobloc-Bremssättel, gelochte, innenbelüftete Bremsscheiben, Durchmesser 350 mm, Dicke 28 mm; Vakuum-Bremskraftverstärker, in Stufen abschaltbares Porsche Stability Management (PSM)	
9J x 19 mit 245/35 ZR 19	
12J x 19 mit 325/30 ZR 19	

Typ	911 GT3
Baureihe (interne Bezeichnung)	997
Karosserietyp	Coupé
Abmessungen	
L x B x H in mm	4460 x 1808 x 1280
Radstand in mm	2355
Spur vorne/hinten in mm	1497 / 1524
Leer- und Gesamtgewicht in kg	1395 / 1680
Kofferraumvolumen nach VDA (Liter)	105
Tankinhalt in Litern	67 (90 optional)
Fahrleistungen	
Vmax (km/h)	312
Beschleunigung 0-100 km/h (s)	4,1
Beschleunigung 0-200 km/h (s)	12,3
Verbrauch l/100 km (Drittelmix)	12,6
Sonstiges	
Bauzeit	08/2009 - 07/2011
Stückzahlen	k. A.

Obwohl noch mit Saugrohr- statt Direkteinspritzung ausgestattet, generierte der 3,8-Liter-Hochleistungsmotor des GT3 435 PS bei 7600/min.

911 GT3 RS	911 GT3 RS 4.0
997	
Coupé	Coupé
4460 x 1852 x 1280	4460 x 1852 x 1280
2355	2355
1509 / 1554	1509 / 1554
1370 / 1680	1360 / 1680
105	
67 (90 optional)	
310	310
4	3,9
12,2	11,9
13,2	13,8
09/2009 - 07/2011	04/2011 - 09/2011
k. A.	k. A.

Die 600 Exemplare des Porsche 911 GT3 RS 4.0 waren schon vor dem Produktionsstart komplett ausverkauft.

Typ	911 GT2 RS
Baureihe (interne Bezeichnung)	997
Karosserietyp	Coupé
Karosserieeigenschaften	Selbsttragende, vollverzinkte Leichtbau-Stahlkarosserie mit Aluminium-Türen und Kofferraumdeckel aus kohlefaserverstärktem Kunststoff (CfK), Fahrer- und Beifahrer-Airbag zweistufig, Kopf-Airbags für Fahrer und Beifahrer
Motor	
Prinzip	Wassergekühlter Sechszylinder-Boxermotor, Motorblock und Zylinderköpfe aus Aluminium, vier obenliegende Nockenwellen, vier Ventile pro Zylinder, einlassseitig variable Steuerzeiten und Ventilhubumschaltung (VarioCam Plus), hydraulischer Ventilspielausgleich, Bi-Turbo-Aufladung, Lader mit variabler Turbinen-Geometrie (VTG), Expansionssauganlage, Saugrohreinspritzung, je zwei Dreiwege-Katalysatoren pro Zylinderreihe mit je zwei Lambdasonden, Motoröl 11,0 Liter, elektronische Zündung mit ruhender Zündverteilung (sechs Zündspulen)
Hubraum (cm^3)	3596
Bohrung und Hub (mm)	100 x 76,4
Verdichtungsverhältnis	9,0:1
Leistung in PS (kW)	620 (456)
bei Umdrehungen (min)	6500
Literleistung in PS	172,2
max. Drehmoment (Nm)	700
bei Umdrehungen (min)	2250
Batteriekapazität (Ah)	60
Lichtmaschinenleistung (W)	2100
Kraftübertragung	
Antriebsart	Heckantrieb
Schaltgetriebe	Sechsgang
Automatikgetriebe	-
Fahrwerk	
Vorderachse	Federbeinachse (McPherson-Bauart, Porsche-optimiert) mit einzeln an Querlenkern, Längslenkern und Federbeinen aufgehängten Rädern, geteilte Querlenker, zylindrische Schraubenfedern mit innenliegenden Schwingungsdämpfern, Stützlager mit Kugelgelenken
Hinterachse	Mehrlenkerachse mit einzeln an fünf Lenkern geführten Rädern, geteilte Querlenker, zylindrische Schraubenfedern mit Helper-Federn und koaxialen innenliegenden Schwingungsdämpfern. Porsche Active Suspension Management (PASM) mit elektronisch geregelten Schwingungsdämpfern, zwei manuell anwählbare Kennfelder
Bremssystem	Keramikbremsanlage Porsche Ceramic Composite Brake (PCCB), zwei Bremskreise mit achsweiser Aufteilung; Vorderachse: Sechskolben-Alu-Monobloc-Bremssättel, gelochte und innenbelüftete Keramik-Verbund-Bremsscheiben mit Bremstöpfen aus Aluminium, Durchmesser 380 mm, Dicke 34 mm
Räder/Reifen Vorderachse	9J x 19 mit 245/35 ZR 19
Räder/Reifen Hinterachse	12J x 19 mit 325/30 ZR 19
Abmessungen	
L x B x H in mm	4469 x 1852 x 1285
Radstand in mm	2350
Spur vorne/hinten in mm	1509 / 1554
Leer- und Gesamtgewicht in kg	1370 / 1680
Kofferraumvolumen (Liter)	105
Tankinhalt in Litern	90

Typ	911 GT2 RS
Baureihe (interne Bezeichnung)	997
Karosserietyp	Coupé
Fahrleistungen	
Vmax (km/h)	330
Beschleunigung 0-100 km/h (s)	3,5
Beschleunigung 0-200 km/h (s)	9,8
Verbrauch l/100 km (Drittelmix)	11,9
Sonstiges	
Bauzeit	08/2010 - 07/2011
Stückzahlen	500

Im Kreise seiner Ahnen präsentiert sich im Herbst 2010 der 620 PS starke Porsche 911 GT2 RS.

Typ	Speedster
Baureihe (interne Bezeichnung)	997
Karosserietyp	Cabrio
Karosserieeigenschaften	Selbsttragende, vollverzinkte Leichtbau-Stahlkarosserie, Fahrer- und Beifahrer-Airbag zweistufig, Seiten- und Kopf-Airbags für Fahrer und Beifahrer, selbstausfahrendes Überrollschutzsystem, manuelles Z-Faltungs-Stoffverdeck mit beheizbarer Glasheckscheibe
Motor	
Prinzip	Wassergekühlter Sechszylinder-Boxermotor, Motorblock und Zylinderköpfe aus Aluminium, vier obenliegende Nockenwellen, vier Ventile pro Zylinder, einlassseitig variable Steuerzeiten und Ventilhubumschaltung (VarioCam Plus), hydraulischer Ventilspielausgleich, Benzindirekteinspritzung, je zwei Dreiwege-Katalysatoren pro Zylinderreihe mit je zwei Lambdasonden, Motoröl 10,0 Liter, elektronische Zündung mit ruhender Zündverteilung (sechs Zündspulen)
Hubraum (cm^3)	3800
Bohrung und Hub (mm)	102 x 77,5
Verdichtungsverhältnis	12,5:1
Leistung in PS (kW)	408 (300)
bei Umdrehungen (min)	7300
Literleistung in PS	107,4
max. Drehmoment (Nm)	420
bei Umdrehungen (min)	4200
Batteriekapazität (Ah)	70
Lichtmaschinenleistung (W)	2100
Kraftübertragung	
Antriebsart	Heckantrieb
Getriebe	PDK Getriebe Siebengang
Fahrwerk	
Vorderachse	Federbeinachse (McPherson-Bauart, Porsche-optimiert) mit einzeln an Querlenkern, Längslenkern und Federbeinen aufgehängten Rädern, Kegelstumpffedern mit innenliegenden Schwingungsdämpfern
Hinterachse	Mehrlenkerachse mit einzeln an fünf Lenkern geführten Rädern, Porsche Active Suspension Management (PASM) mit elektronisch geregelten Schwingungsdämpfern, zwei manuell anwählbare Kennfelder, zylindrische Schraubenfedern mit koaxialen innenliegenden Schwingungsdämpfern
Bremssystem	Zweikreis-Bremsanlage mit achsweiser Aufteilung; Vorderachse: Sechs-Kolben-Alu-Monobloc-Bremssättel, gelochte und innenbelüftete Keramik-Bremsscheiben (PCCB) mit 50 mm Durchmesser und 34 mm Dicke; Hinterachse: Vier-Kolben-Alu-Monobloc-Bremssättel, gelochte und innenbelüftete Keramik-Bremsscheiben (PCCB) mit 350 mm Durchmesser und 28 mm Dicke; Porsche Stability Management (PSM), Vakuum-Bremskraftverstärker, Bremsassistent
Räder/Reifen Vorderachse	8,5J x 19 mit 235/35 ZR 19
Räder/Reifen Hinterachse	11J x 19 mit 305/30 ZR 19
Abmessungen	
L x B x H in mm	4440 x 1852 x 1230
Radstand in mm	2350
Leer- und Gesamtgewicht in kg	1420 / 1830 (1450 / 1860)
Kofferraumvolumen (Liter)	135
Tankinhalt in Litern	64
Fahrleistungen	
Vmax (km/h)	305

Typ	Speedster
Baureihe (interne Bezeichnung)	997
Karosserietyp	Cabrio
Beschleunigung 0-100 km/h (s)	4,4
Beschleunigung 0-200 km/h (s)	15
Verbrauch l/100 km (Drittelmix)	10,3
Sonstiges	
Bauzeit	09/2010 - 07/2011

Der Speedster feierte auf dem Pariser Salon im Herbst 2010 seine Premiere und nutzte den leistungsgesteigerten 3,8-Liter-Saugmotor des 911 GTS.

Kapitel 7

991: Der Reifefaktor

ab 2011

Der intern 991 genannte Sportwagen verkörpert den größten technischen Sprung in der Geschichte des Elfers. Seit Generationen Maßstab seiner Klasse, legt diese Elfer-Generation die Messlatte bei Performance und Effizienz noch einmal höher. Ein komplett neues Fahrwerk mit geändertem Radstand, größerer Spurbreite und mächtigeren Reifen sowie ein ergonomisch optimierter Innenraum sorgen für noch sportlicheres und komfortableres Fahren.

Technisch steht der Elfer ganz im Zeichen der Porsche Intelligent Performance: noch weniger Verbrauch, noch mehr Leistung. Etwa durch die Hubraumverkleinerung auf 3,4 Liter beim Grundmodell Carrera (dennoch fünf PS mehr als der 997/II) und die Hybridbauweise (Stahl/Aluminium), die zur deutlichen Gewichtsreduzierung führt. Außerdem neu: die Porsche Dynamic Chassis Control und das manuelle Siebengang-Schaltgetriebe. Großes Lob gibt es auch für das Design des 991. Mit seiner flach-gestreckten Silhouette, seinen spannungsgeladenen Flächen und präzise gestalteten Details ist der Porsche 911 Carrera auch in der siebten Generation unverkennbar ein 911 und setzt damit einmal mehr Maßstäbe im Automobildesign.

Auch beim 991 bleibt Porsche sich treu: Carrera und Carrera S werden schon 2013 GT3 und Turbo (erstmals vom Start weg als Turbo und Turbo S) zur Seite gestellt – die beide natürlich wieder über mehr Leistung verfügen als ihre Vorgänger. Und auch die Geschichte wird erneut zitiert: Beim Porsche Targa von 2014 feiert der in Edelstahl-Optik lackierte Überrollbügel seine Wiederauferstehung.

So bleibt der 911 – auch wenn er seit Boxster, Cayenne, Cayman, Panamera oder Macan Teil einer ziemlich groß gewordenen Modellfamilie ist – das Herz und die DNA von Porsche. Eine Idee, die sich immer wieder neu erfindet und dabei doch das präzise Fahrgefühl verkörpert, von dem Ferry Porsche schon 1948 im allerersten Porsche-Sportwagen geträumt hat.

Das Cabrio erschien mit komplett neukonstruierter Verdeck-Kinematik.

90 Prozent aller Bauteile sind komplette Neukonstruktionen: Der 991 zitiert zwar historische Originale, ist aber technologisch und dimensional ein großer Schritt für die Zuffenhausener Sportwagenschmiede.

In der Frontansicht offenbart sich die Ähnlichkeit mit dem Vorgänger am deutlichsten.

Die schmaleren Rückleuchten sind besonders markante Änderungen gegenüber der 997-Baureihe.

Trotz deutlich vergrößerter Außenabmessungen gelang den Designern das Meisterstück, die Proportionen der 911-Baureihe beizubehalten.

Typ	911 Carrera	
Baureihe (interne Bezeichnung)	991	
Karosserietyp	Coupé	Cabriolet
Karosserieeigenschaften	Zwei-plus-Zweisitzer, Leichtbau-Karosserie in intelligenter Aluminium-Stahl-Bauweise mit Kotflügeln, Türen, Kofferraum- und Motorraumdeckel aus Aluminium, Fahrer- und Beifahrer-Airbag zweistufig, Seiten- und Kopf-Airbags für Fahrer und Beifahrer	
Motor		
Prinzip	Wassergekühlter Sechszylinder-Boxermotor, Motorblock und Zylinderköpfe aus Aluminium, vier obenliegende Nockenwellen, vier Ventile pro Zylinder, einlassseitig variable Steuerzeiten und Ventilhubumschaltung (VarioCam Plus), hydraulischer Ventilspielausgleich, Benzindirekteinspritzung, je ein Dreiwege-Katalysator mit zwei Lambdasonden pro Zylinderreihe, Motoröl 10,1 Liter, elektronische Zündung mit ruhender Zündverteilung (sechs aktive Zündmodule), Thermomanagement für Kühlmittelkreislauf, Auto-Start-Stopp-Funktion	
Hubraum (cm^3)	3436	
Bohrung und Hub (mm)	97 x 77,5	
Verdichtungsverhältnis	12,5:1	
Leistung in PS (kW)	350 (257)	
bei Umdrehungen (min)	7400	
Literleistung in PS	102	
max. Drehmoment (Nm)	390	
bei Umdrehungen (min)	5600	
Batteriekapazität (Ah)	70	
Lichtmaschinenleistung (W)	2100	
Kraftübertragung		
Antriebsart	Heckantrieb	
Getriebeart	Manuell, Siebengang (optional PDK-Siebengang)	
Fahrwerk		
Vorderachse	Federbeinachse (McPherson-Bauart, Porsche-optimiert) mit einzeln an Querlenkern, Längslenkern und Federbeinen aufgehängten Rädern, zylindrische Schraubenfedern mit innenliegenden Schwingungsdämpfern, elektromechanische Servolenkung, Carrera 4S mit Porsche Active Suspension Management (PASM) mit elektronisch geregelten Schwingungsdämpfern, zwei manuell anwählbare Dämpfungsprogramme	
Hinterachse	Mehrlenkerachse mit einzeln an fünf Lenkern geführten Rädern, zylindrische Schraubenfedern mit koaxialen innenliegenden Schwingungsdämpfern, Carrera 4S mit PASM	
Bremssystem	Zweikreis-Bremsanlage mit achsweiser Aufteilung, Porsche Stability Management (PSM), Vakuum-Bremskraftverstärker, Bremsassistent, elektrisch betätigte Duo-Servo-Feststellbremse, Auto-Hold-Funktion; Vorderachse: Vierkolben-Alu-Monobloc-Bremssättel (Carrera S und 4S: Sechskolben), gelochte und innenbelüftete Bremsscheiben mit 330 mm (Carrera S und 4S: 340 mm) Durchmesser und 28 mm (Carrera S und 4S: 34 mm) Dicke; Hinterachse: Vierkolben-Alu-Monobloc-Bremssättel, gelochte und innenbelüftete Bremsscheiben mit 330 mm Durchmesser und 28 mm Dicke	
Räder/Reifen Vorderachse	8,5J x 19 mit 235/40 ZR 19	
Räder/Reifen Hinterachse	11J x 19 mit 285/35 ZR 19	
Abmessungen		
L x B x H in mm	4491 x 1808 x 1303	4491 x 1808 x 1292
Radstand in mm	2450	
Spur vorne/hinten in mm	1532 / 1518	
Leer- und Gesamtgewicht in kg	1380 (1400) / 1795 (1815)	1450 (1470) / 1850 (1870)

911 Carrera S		911 Carrera 4		911 Carrera 4S	
991					
Coupé	Cabriolet	Coupé	Cabriolet	Coupé	Cabriolet
Zwei-plus-Zweisitzer, Leichtbau-Karosserie in intelligenter Aluminium-Stahl-Bauweise mit Kotflügeln, Türen, Kofferraum- und Motorraumdeckel aus Aluminium, Fahrer- und Beifahrer-Airbag zweistufig, Seiten- und Kopf-Airbags für Fahrer und Beifahrer					
Wassergekühlter Sechszylinder-Boxermotor, Motorblock und Zylinderköpfe aus Aluminium, vier obenliegende Nockenwellen, vier Ventile pro Zylinder, einlassseitig variable Steuerzeiten und Ventilhubumschaltung (VarioCam Plus), hydraulischer Ventilspielausgleich, Benzindirekteinspritzung, je ein Dreiwege-Katalysator mit zwei Lambdasonden pro Zylinderreihe, Motoröl 10,1 Liter, elektronische Zündung mit ruhender Zündverteilung (sechs aktive Zündmodule), Thermomanagement für Kühlmittelkreislauf, Auto-Start-Stopp-Funktion					
3800		3436		3800	
102 x 77,5		97 x 77,5		102 x 77,5	
12,5:1		12,5:1		12,5:1	
400 (294)		350 (257)		400 (294)	
7400		7400		7400	
105		102		105,3	
440		390		440	
5600		5600		5600	
70					
2100					
Heckantrieb		Allradantrieb			
Manuell, Siebengang (optional PDK-Siebengang)					
Federbeinachse (McPherson-Bauart, Porsche-optimiert) mit einzeln an Querlenkern, Längslenkern und Federbeinen aufgehängten Rädern, zylindrische Schraubenfedern mit innenliegenden Schwingungsdämpfern, elektromechanische Servolenkung, Carrera 4S mit Porsche Active Suspension Management (PASM) mit elektronisch geregelten Schwingungsdämpfern, zwei manuell anwählbare Dämpfungsprogramme					
Mehrlenkerachse mit einzeln an fünf Lenkern geführten Rädern, zylindrische Schraubenfedern mit koaxialen innenliegenden Schwingungsdämpfern, Carrera 4S mit PASM					
Zweikreis-Bremsanlage mit achsweiser Aufteilung, Porsche Stability Management (PSM), Vakuum-Bremskraftverstärker, Bremsassistent, elektrisch betätigte Duo-Servo-Feststellbremse, Auto-Hold-Funktion; Vorderachse: Vierkolben-Alu-Monobloc-Bremssättel (Carrera S und 4S: Sechskolben), gelochte und innenbelüftete Bremsscheiben mit 330 mm (Carrera S und 4S: 340 mm) Durchmesser und 28 mm (Carrera S und 4S: 34 mm) Dicke; Hinterachse: Vierkolben-Alu-Monobloc-Bremssättel, gelochte und innenbelüftete Bremsscheiben mit 330 mm Durchmesser und 28 mm Dicke					
8,5J x 20 mit 245/35 ZR 20		8,5J x 19 mit 235/40 ZR 19		8,5J x 20 mit 245/35 ZR 20	
11J x 20 mit 295/30 ZR 20		11J x 19 mit 295/35 ZR 19		11J x 20 mit 295/30 ZR 20	
4491 x 1808 x 1303	4491 x 1808 x 1292	4491 x 1852 x 1304		4491 x 1852 x 1296	
2450					
1538 / 1516		1532 / 1560		1538 / 1552	
1395 (1415) / 1830 (1850)	1465 (1485) / 1885 (1905)	1430 (1450) / 1845 (1865)	1500 (1520) / 1900 (1920)	1475 (1515) / 1875 (1920)	1515 (1535) / 1935 (1955)

Typ	911 Carrera	
Baureihe (interne Bezeichnung)	991	
Karosserietyp	Coupé	Cabriolet
Kofferraumvolumen (Liter)	135	
Tankinhalt in Litern	64	
Fahrleistungen		
Vmax (km/h)	289 (287)	286 (284)
Beschleunigung 0-100 km/h (s)	4,8 (4,6)	5,0 (4,8)
Beschleunigung 0-200 km/h (s)	16,2 (15,7)	16,9 (16,4)
Verbrauch l/100 km (Drittelmix)	9,0 (8,2)	9,2 (8,4)
Sonstiges		
Bauzeit	ab 08/2011	ab 01/2012
Stückzahlen	k. A.	k. A.

(Werte für PDK-Siebengang-Getriebe in Klammern)

Mit 3,4 Litern Hubraum praktizierten die Porsche-Ingenieure beim Porsche Carrera der Baureihe 991 erstmals Downsizing – bei auf 350 PS erstarkter Leistung.

RECHTE SEITE, oben: Der Carrera S behielt den 3,8-Liter-Motor – inzwischen aber mit 400 PS um 15 PS stärker als der Vorgänger.

RECHTE SEITE, unten: Ein halbes Jahr nach der Weltpremiere der neuen Baureihe erschien im Frühjahr 2012 auch die offene Variante.

911 Carrera S		911 Carrera 4		911 Carrera 4S	
991					
Coupé	Cabriolet	Coupé	Cabriolet	Coupé	Cabriolet
125					
68					
304 (302)	301 (299)	285 (283)	282 (280)	299 (297)	296 (294)
4,5 (4,3)	4,7 (4,5)	4,9 (4,7)	5,1 (4,9)	4,5 (4,3)	4,7 (4,5)
14,4 (13,9)	15,1 (14,6)	16,7 (16,4)	17,6 (17,3)	14,9 (14,4)	15,8 (15,3)
9,5 (8,7)	9,7 (8,9)	9,3 (8,6)	9,5 (8,7)	9,9 (9,1)	10,0 (9,2)
ab 08/2011	ab 01/2012	ab 01/2012	ab 08/2013	ab 02/2013	ab 08/2013
k. A.	k. A.	k. A.	k. A.	k. A.	k. A.

Typ	911 Turbo	
Baureihe (interne Bezeichnung)	991	
Karosserietyp	Coupé	Cabriolet
Karosserieeigenschaften	Zwei-plus-Zweisitzer, Leichtbau-Karosserie in intelligenter Aluminium-Stahl-Mischbauweise, Kotflügel, Türen, Kofferraum und Motorraumdeckel aus Aluminium, Fahrer- und Beifahrer-Airbag zweistufig, Seiten- und Kopf-Airbags für Fahrer und Beifahrer	
Motor		
Prinzip	Wassergekühlter Sechszylinder-Boxermotor, Motorblock und Zylinderköpfe aus Aluminium, vier obenliegende Nockenwellen, vier Ventile pro Zylinder, einlassseitig variable Steuerzeiten und Ventilhubumschaltung (VarioCam Plus), hydraulischer Ventilspielausgleich, Benzindirekteinspritzung, ein Dreiwege-Katalysator pro Zylinderreihe mit je zwei Lambdasonden, Bi-Turbo-Aufladung mit variabler Turbinen-Geometrie (VTG), Motoröl 10,4 Liter, elektronische Zündung mit ruhender Zündverteilung (sechs aktive Zündmodule), Thermomanagement für Kühlmittelkreislauf, Auto-Start-Stopp-Funktion	
Hubraum (cm^3)	3800	
Bohrung und Hub (mm)	102 x 77,5	
Verdichtungsverhältnis	9,8:1	
Leistung in PS (kW)	520 (383)	
bei Umdrehungen (min)	6000 - 6500	
Literleistung in PS	137	
max. Drehmoment (Nm)	660 (710 mit Overboost)	
bei Umdrehungen (min)	1950 - 4250	
Batteriekapazität (Ah)	95	
Lichtmaschinenleistung (W)	2100	
Kraftübertragung		
Antriebsart	Allradantrieb	
Getriebe	Siebengang-Doppelkupplungsgetriebe (PDK) mit geregelter Hinterachs-Quersperre und Porsche Torque Vectoring Plus (PTV+)	
Fahrwerk		
Vorderachse	Federbeinachse (McPherson-Bauart, Porsche-optimiert) mit einzeln an Querlenkern, Längslenkern und Federbeinen aufgehängten Rädern, zylindrische Schraubenfedern mit innenliegenden Schwingungsdämpfern, elektromechanische Servolenkung, PASM und PDCC	
Hinterachse	Mehrlenkerachse mit einzeln an fünf Lenkern geführten Rädern, zylindrische Schraubenfedern mit koaxialen innenliegenden Schwingungsdämpfern, aktive Hinterachslenkung, Porsche Active Suspension Management (PASM) mit elektronisch geregelten Schwingungsdämpfern, zwei manuell anwählbare Kennfelder, Porsche Dynamic Chassis Control (PDCC)	
Bremssystem	Zweikreis-Bremsanlage mit achsweiser Aufteilung, Porsche Stability Management (PSM), Vakuum-Bremskraftverstärker, Bremsassistent, elektrisch betätigte Duo-Servo-Feststellbremse, Auto-Hold-Funktion; Vorderachse: Sechskolben-Alu-Monobloc-Bremssättel, gelochte und innenbelüftete Bremsscheiben mit 380 mm Durchmesser und 34 mm Dicke; Hinterachse: Vierkolben-Alu-Monobloc-Bremssättel, gelochte und innenbelüftete Bremsscheiben mit 380 mm Durchmesser und 30 mm Dicke	
Räder/Reifen Vorderachse	8,5J x 20 mit 245/35 ZR 20	
Räder/Reifen Hinterachse	11J x 20 mit 305/30 ZR 20	
Abmessungen		
L x B x H in mm	4506 x 1880 x 1296	
Radstand in mm	2450	
Spur vorne/hinten in mm	1541 / 1590	
Leer- und Gesamtgewicht in kg	1595 (1630) / 1990 (2025)	1645 (1680) / 2030 (2065)

911 Turbo S	
991	
Coupé	Cabriolet
Zwei-plus-Zweisitzer, Leichtbau-Karosserie in intelligenter Aluminium-Stahl-Mischbauweise, Kotflügel, Türen, Kofferraum und Motorraumdeckel aus Aluminium, Fahrer- und Beifahrer-Airbag zweistufig, Seiten- und Kopf-Airbags für Fahrer und Beifahrer	
Wassergekühlter Sechszylinder-Boxermotor, Motorblock und Zylinderköpfe aus Aluminium, vier obenliegende Nockenwellen, vier Ventile pro Zylinder, einlassseitig variable Steuerzeiten und Ventilhubumschaltung (VarioCam Plus), hydraulischer Ventilspielausgleich, Benzindirekteinspritzung, ein Dreiwege-Katalysator pro Zylinderreihe mit je zwei Lambdasonden, Bi-Turbo-Aufladung mit variabler Turbinen-Geometrie (VTG), Motoröl 10,4 Liter, elektronische Zündung mit ruhender Zündverteilung (sechs aktive Zündmodule), Thermomanagement für Kühlmittelkreislauf, Auto-Start-Stopp-Funktion	
3800	
102 x 77,5	
9,8:1	
560 (412)	
6500 - 6750	
147	
700 (750 mit Overboost)	
2100 - 4250	
95	
2100	
Allradantrieb	
Siebengang-Doppelkupplungsgetriebe (PDK) mit geregelter Hinterachs-Quersperre und Porsche Torque Vectoring Plus (PTV+)	
Federbeinachse (McPherson-Bauart, Porsche-optimiert) mit einzeln an Querlenkern, Längslenkern und Federbeinen aufgehängten Rädern, zylindrische Schraubenfedern mit innenliegenden Schwingungsdämpfern, elektromechanische Servolenkung, PASM und PDCC	
Mehrlenkerachse mit einzeln an fünf Lenkern geführten Rädern, zylindrische Schraubenfedern mit koaxialen innenliegenden Schwingungsdämpfern, aktive Hinterachslenkung, Porsche Active Suspension Management (PASM) mit elektronisch geregelten Schwingungsdämpfern, zwei manuell anwählbare Kennfelder, Porsche Dynamic Chassis Control (PDCC)	
Porsche Ceramic Composite Brake (PCCB), Zweikreis-Bremsanlage mit achsweiser Aufteilung, Porsche Stability Management (PSM), Vakuum-Bremskraftverstärker, Bremsassistent, elektrisch betätigte Duo-Servo-Feststellbremse, Auto-Hold-Funktion; Vorderachse: Sechskolben-Alu-Monobloc-Bremssättel, gelochte und innenbelüftete Keramik-Bremsscheiben mit 410 mm Durchmesser und 36 mm Dicke; Hinterachse: Vierkolben-Alu-Monobloc-Bremssättel, gelochte und innenbelüftete Keramik-Bremsscheiben mit 390 mm Durchmesser und 32 mm Dicke	
9J x 20 mit 245/35 ZR 20	
11,5J x 20 mit 305/30 ZR 20	
4506 x 1880 x 1296	
2450	
1539 / 1590	
1605 / 1990	1655 / 2000 (1690 / 2035)

Typ	911 Turbo	
Baureihe (interne Bezeichnung)	991	
Karosserietyp	Coupé	Cabriolet
Kofferraumvolumen (Liter)	115	
Tankinhalt in Litern	68	
Fahrleistungen		
Vmax (km/h)	315	
Beschleunigung 0-100 km/h (s)	3,4	3,5
Beschleunigung 0-200 km/h (s)	11,1	
Verbrauch ECE	9,7	9,9
Sonstiges		
Bauzeit	ab 08/2013	ab 12/2013
Stückzahlen	k. A.	k. A.

(Werte für PDK-Siebengang-Getriebe in Klammern)

Vom Start weg gibt es den 911 Turbo in zwei Leistungsvarianten: als 911 Turbo mit 520 PS ...

911 Turbo S	
991	
Coupé	Cabriolet
115	
68	
318	
3,1	3,2
10,3	
9,7	9,9
ab 08/2013	ab 12/2013
k. A.	k. A.

... und als Turbo S mit 560 PS – beide mit dem doppelt aufgeladenen 3,8-Liter-Triebwerk mit variabler Turbinengeometrie.

Typ	911 GT3
Baureihe (interne Bezeichnung)	997
Karosserietyp	Coupé
Karosserieeigenschaften	Zweisitziges Coupé, Leichtbau-Karosserie in intelligenter Aluminium-Stahl-Bauweise mit Kotflügeln, Türen, Kofferraum- und Motorraumdeckel aus Aluminium, Fahrer- und Beifahrer-Airbag zweistufig, Seiten- und Kopf-Airbags für Fahrer und Beifahrer
Motor	
Prinzip	Wassergekühlter Sechszylinder-Boxermotor, Motorblock und Zylinderköpfe aus Aluminium, vier obenliegende Nockenwellen, vier Ventile pro Zylinder, per Schlepphebel betätigt, ein- und auslassseitig variable Steuerzeiten (VarioCam), hydraulischer Ventilspielausgleich, Benzindirekteinspritzung, ein Dreiwege-Katalysator pro Zylinderreihe mit je zwei Lambdasonden, elektronische Zündung mit ruhender Zündverteilung (sechs aktive Zündmodule)
Hubraum (cm^3)	3799
Bohrung und Hub (mm)	102 x 77,5
Verdichtungsverhältnis	12,9:1
Leistung in PS (kW)	475 (350)
bei Umdrehungen (min)	8250
Literleistung in PS	125
max. Drehmoment (Nm)	440
bei Umdrehungen (min)	6250
Batteriekapazität (Ah)	95
Lichtmaschinenleistung (W)	2100
Kraftübertragung	
Antriebsart	Heckantrieb, Motor und Getriebe zu einer Antriebseinheit verschraubt
Getriebe	Siebengang-Doppelkupplungsgetriebe (PDK) mit geregelter Hinterachs-Quersperre und PTV Plus
Fahrwerk	
Vorderachse	Federbeinachse (McPherson-Bauart, Porsche-optimiert) mit einzeln an Querlenkern, Längslenkern und Federbeinen aufgehängten Rädern, zylindrische Schraubenfedern mit innenliegenden Schwingungsdämpfern, elektromechanische Servolenkung. Porsche Active Suspension Management (PASM) mit elektronisch geregelten Schwingungsdämpfern, zwei manuell anwählbare Kennfelder
Hinterachse	Mehrlenkerachse mit einzeln an fünf Lenkern geführten Rädern, zylindrische Schraubenfedern mit koaxialen innenliegenden Schwingungsdämpfern, aktive Hinterachslenkung, Porsche Active Suspension Management (PASM) mit elektronisch geregelten Schwingungsdämpfern, zwei manuell anwählbare Kennfelder
Bremssystem	Zweikreis-Bremsanlage mit achsweiser Aufteilung, Porsche Stability Management (PSM), Vakuum-Bremskraftverstärker, elektrisch betätigte Duo-Servo-Feststellbremse, Auto-Hold-Funktion; Vorderachse: Sechskolben-Alu-Monobloc-Bremssättel, gelochte und innenbelüftete Bremsscheiben mit 380 mm Durchmesser und 34 mm Dicke; Hinterachse: Vierkolben-Alu-Monobloc-Bremssättel, gelochte und innenbelüftete Bremsscheiben mit 380 mm Durchmesser und 30 mm Dicke
Räder/Reifen Vorderachse	9J x 20 mit 245/35 ZR 20
Räder/Reifen Hinterachse	12J x 20 mit 305/30 ZR 20
Abmessungen	
L x B x H in mm	4545 x 1852 x 1269
Radstand in mm	2457
Spur vorne/hinten in mm	1551 / 1555
Leer- und Gesamtgewicht in kg	1395 / 1680
Kofferraumvolumen (Liter)	125

Typ	**911 GT3**
Baureihe (interne Bezeichnung)	997
Karosserietyp	Coupé
Tankinhalt in Litern	64 (optional: 90)
Fahrleistungen	
Vmax (km/h)	315
Beschleunigung 0-100 km/h (s)	3,5
Verbrauch l/100 km (Drittelmix)	12,4
Sonstiges	
Bauzeit	ab 09/2013
Stückzahlen	k. A.

Premiere beim GT3: Der Basissportler mit inzwischen 475 PS ist erstmals nicht als Handschalter, sondern ausschließlich mit PDK-Getriebe lieferbar.

MICHELIN
Mobil 1
MOTORSPORT

www.porsche.com
adidas
GT3
Cup
MICHELIN

Bücher für Porsche-Fahrer

Portofreie Lieferung ab 19 € Bestellwert!*

256 Seiten, ca. 700 farbige Abbildungen,
215 x 270 mm, gebunden
ISBN 978-3-86852-806-0
€ 9,99

Stefan Schrahe
Porsche
911 Cabrio
Geschichte•Entwicklung•Modelle
HEEL

208 Seiten, ca. 320 größtenteils farbige Abbldungen, 245 x 290mm, gebunden mit Schutzumschlag, im Schmuckschuber
ISBN 978-3-86852-641-7
€ 49,95

472 Seiten, ca. 650 Abbildungen,
240 x 266 mm, geb. mit Schutzumschlag
€ (D) 49,90
ISBN 978-3-89880-910-8

504 Seiten, ca. 650 Abbildungen,
240 x 266 mm, geb. mit Schutzumschlag
€ (D) 49,90
ISBN 978-3-89880-988-7

384 Seiten, ca. 650 Abbildungen,
240 x 266 mm, geb. mit Schutzumschlag
€ (D) 49,90
ISBN 978-3-89880-989-4

96 Seiten, ca. 100 farbige Abbildungen,
138 x 195 mm, Paperback
€ (D) 14,95
ISBN 978-3-86852-093-4

372 Seiten, ca. 1180 Abbildungen,
210 x 280 mm, Paperback
€ (D) 49,95
ISBN 978-3-86852-102-3

544 Seiten, ca. 1600 Abbildungen,
210 x 280 mm, Paperback
€ (D) 49,95
ISBN 978-3-86852-692-9

576 Seiten, ca. 250 s/w-Fotos,
210 x 280 mm, Paperback
€ (D) 49,95
ISBN 978-3-86852-813-8

240 Seiten, ca. 350 farbige Abbildungen,
210 x 273 mm, gebunden
€ (D) 35,–
ISBN 978-3-89880-201-7

* bei Lieferung innerhalb Deutschlands, unter € 19,– Bestellwert Portopauschale € 2,95 · bei Lieferung ins Ausland je nach Aufwand

Unser komplettes Programm finden Sie in jeder Buchhandlung und unter www.heel-verlag.de
Telefon: 0531 7088560 · Fax: 0531 708601 · E-Mail: info@heel-verlag.de

216 Seiten, ca. 300 größtenteils farbige Abbildungen, 254 x 254 mm, gebunden mit Schutzumschlag
ISBN 978-3-86852-305-8
€ 49,90

ca. 224 Seiten, ca. 350 farbige Abbildungen, 210 x 273 mm, gebunden
ISBN 978-3-86852-946-3
ca. € 45,–

64 Seiten, ca. 100 farbige Abbildungen, 148 x 210 mm, Paperback
€ (D) 9,99
ISBN 978-3-86852-883-1

64 Seiten, ca. 100 farbige Abbildungen, 148 x 210 mm, Paperback
€ (D) 9,99
ISBN 978-3-86852-803-9

64 Seiten, ca. 100 farbige Abbildungen, 148 x 210 mm, Paperback
€ (D) 9,99
ISBN 978-3-86852-693-6

64 Seiten, ca. 100 farbige Abbildungen, 148 x 210 mm, Paperback
€ (D) 9,99
ISBN 978-3-86852-636-3

64 Seiten, ca. 100 farbige Abbildungen, 148 x 210 mm, Paperback
€ (D) 14,95
ISBN 978-3-86852-298-3

64 Seiten, ca. 100 farbige Abbildungen, 148 x 210 mm, Paperback
€ (D) 9,95
ISBN 978-3-86852-373-7

64 Seiten, ca. 100 farbige Abbildungen, 148 x 210 mm, Paperback
€ (D) 9,95
ISBN 978-3-86852-374-4

64 Seiten, ca. 100 farbige Abbildungen, 148 x 210 mm, Paperback
€ (D) 9,95
ISBN 978-3-89880-499-8

Unser komplettes Programm finden Sie in jeder Buchhandlung und unter www.heel-verlag.de
Telefon: 0531 7088560 · Fax: 0531 708601 · E-Mail: info@heel-verlag.de

911